Génotypage et essais cliniques

Nicolas Urbaniak

Génotypage et essais cliniques

Pharmacogénomique : technologies et intégration clinique

Presses Académiques Francophones

Impressum / Mentions légales
Bibliografische Information der Deutschen Nationalbibliothek: Die Deutsche Nationalbibliothek verzeichnet diese Publikation in der Deutschen Nationalbibliografie; detaillierte bibliografische Daten sind im Internet über http://dnb.d-nb.de abrufbar.

Information bibliographique publiée par la Deutsche Nationalbibliothek: La Deutsche Nationalbibliothek inscrit cette publication à la Deutsche Nationalbibliografie; des données bibliographiques détaillées sont disponibles sur internet à l'adresse http://dnb.d-nb.de.

Coverbild / Photo de couverture: www.ingimage.com

Verlag / Editeur:
Presses Académiques Francophones
ist ein Imprint der / est une marque déposée de
AV Akademikerverlag GmbH & Co. KG
Heinrich-Böcking-Str. 6-8, 66121 Saarbrücken, Deutschland / Allemagne
Email: info@presses-academiques.com

Herstellung: siehe letzte Seite /
Impression: voir la dernière page
ISBN: 978-3-8381-7595-9

À Madame Esther KELLENBERGER, pour m'avoir guidé à travers l'élaboration de ma thèse. Pour la patience dont vous avez fait preuve et les conseils que vous avez pu me donner.

À Monsieur Philippe BOUCHER, Madame Marie-Claude KILHOFFER et Madame Valérie LEHNERT pour votre disponibilité et l'intérêt que vous avez porté à mon travail.

À mes professeurs et mes maîtres de stage, qui ont su me faire apprécier ce domaine qu'est la génétique humaine, et sans qui ce travail n'aurait jamais vu le jour.

À ma famille et mes amis pour leur soutien, leurs encouragements, et leur amitié.

Enfin, à Nicolas STAHL pour m'avoir aidé durant la rédaction de ce mémoire à travers ses remarques et relectures.

Je vous adresse mes remerciements les plus sincères et toute ma gratitude.

TABLE DES MATIERES

1 Introduction

La grande majorité des traitements actuels sont prescrits sur le principe d'un traitement pour tous les patients présentant la même maladie. Cette approche est qualifiée de médecine traditionnelle. Or nous savons depuis longtemps que les individus présentent des réactions différentes à un même traitement. D'un coté, les effets secondaires présentent un risque potentiel, de l'autre une faible réponse au traitement entraine un délai dans la prise en charge adéquate du patient. Il existe ainsi des variations interindividuelles notables et les études cliniques ne reflètent généralement qu'une réponse moyenne pour un groupe donné. Il semble de ce fait évident qu'une approche plus personnelle est souhaitable.

Une meilleure compréhension des influences externes, comme les facteurs environnementaux, l'état nutritionnel du patient, les traitements concomitants et la sévérité de la maladie, ont déjà permis de mieux comprendre cette hétérogénéité. De plus, les avancées scientifiques récentes dans l'étude du génome et ses variations individuelles, offrent de nouvelles perspectives dans la prédiction des risques de maladies et de la réponse aux traitements[1].

Ce domaine d'étude, appelé *Pharmacogénomique*, permettrait de changer notre approche dans l'usage des médicaments. En effet, il serait possible passer de l'approche traditionnelle, un traitement pour tous, à une approche plus précise, un traitement pour une population donnée. Nous pourrions ainsi définir comment un patient réagirait à tel ou tel traitement et pour quelles doses l'efficacité serait maximale tout en ayant une toxicité minimale. Cependant cette transition n'est pas si facile à mettre en œuvre. En effet, elle nécessite la mise en commun de nombreux domaines d'expertise (Bioinformatique, Génétique, Statistiques, Biologie moléculaire...etc.) sans compter les facteurs externes précédemment cités. Ainsi, une approche combinatoire de tous ces domaines sera indispensable pour réussir à proposer une médecine dite personnalisée[2]. (Figure 1)

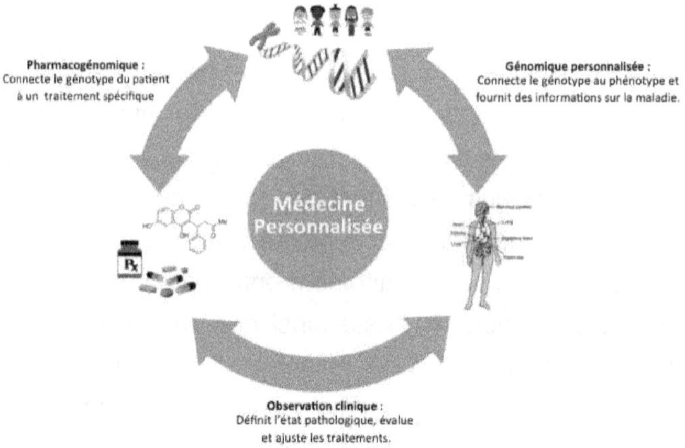

Figure 1. Médecine personnalisée & Pharmacogénomique.[3]

Pour bien comprendre l'impact et l'étendue de la *Pharmacogénomique,* il faut noter que la relation entre génome et variations individuelles aux traitements est une chose dont l'origine peut remonter jusqu'à l'antiquité. En effet vers l'an -510, dans le village de Croton (Italie du sud), Pythagore aurait été le premier à pointer les dangers de la consommation de fèves. Le favisme, aujourd'hui connu comme étant une déficience enzymatique de glucose-6-phosphate déshydrogénase (G6PD), est une maladie génétique lié au chromosome X touchant essentiellement les hommes. Une déficience de 80-95% de l'activité enzymatique en G6PD peut ainsi entrainer une anémie hémolytique induite par la consommation de fèves. Les symptômes se présentant alors souvent sous la forme de sévères douleurs abdominales et de crampes[4].

Il faudra cependant attendre le 20ème siècle pour enfin mettre en relation variations génétiques et différences métaboliques individuelles (Tableau 1). En effet, ce n'est qu'en 1957, qu'Arno Motulsky publie un article expliquant que les déficiences innées du métabolisme pourrait expliquer pourquoi les individus présentent une différence au niveau de l'efficacité des traitements et de leurs effets secondaires[5]. Peu de temps après, en 1959, Friedrich Vogel définira pour la première fois l'étude du rôle de la génétique dans la réponse aux drogues comme étant du domaine de la *Pharmacogénétique*[6].

Plus récemment, le terme *Pharmacogénomique* a été introduit dans la littérature scientifique (1997)[7][8]. Bien que « *Pharmacogénétique* » soit largement utilisé pour définir l'étude des relations entre gène et métabolisme des drogues, ce second terme, plus large, englobe l'étude de l'ensemble des gènes du génome pouvant impacter la réponse aux traitements. Il n'est pas rare cependant de voir ces deux termes utilisés de manière interchangeable[9].

Le séquençage complet du génome humain a été achevé en 2003 par le projet international « Human Genome Project » [10]. Les quelques 3 milliards de paire de bases ont ainsi servi de support à la recherche. Depuis, de nombreuses découvertes concernant les informations contenues dans notre génome ont été faites. De plus, la perfection des techniques de séquençage en terme de vitesse, de précision, et de coût, ont permis l'émergence de nouvelles opportunités médicales. Faisant ainsi de l'étude du génome un acteur important des recherches visant à mieux comprendre et à améliorer la médecine humaine.

Année	Auteur	Publication
510 av. JC	Pythagore	Reconnaissance du danger liés à l'ingestion de fèves, identifié plus tard comme étant dû à une déficience en glucose-6-phosphate deshydrogénase.
1866	Mendel	Établissement des lois sur l'hérédité
1906	Garrod	Publication de 'Inborn Errors of Metabolism' (Erreurs innées du métabolisme)
1931	Garrod	Publication d'un livre suggérant que les différences individuelles dans la réponse aux traitements pourrait être anticipées par l'étude des variations génétiques des individus.
1956	Alving et al.	Découverte de la déficience en glucose-6-phosphate déshydrogénase.
1957	Motulsky	Les déficiences innées du métabolisme pourraient expliquer pourquoi les individus présentent une différence au niveau de l'efficacité des traitements et de leurs effets secondaires
1959	Vogel	Première apparition du terme *Pharmacogénétique* comme étant l'étude du rôle de la génétique dans la réponse aux drogues.

1962	Kalow	Publication de 'Pharmacogenetics – Heredity and the Response to Drugs' (Pharmacogénétique – Hérédité et réponse aux drogues)
1988-2000	*Nombreux*[9]	Identification de variations génétiques spécifiques dans de nombreuses enzymes liées au métabolisme.
1990–2003	Human Genome Project	Séquençage du génome humain.
1997	Marshall	Le terme *Pharmacogénomique* a été introduit dans la littérature scientifique
2003-2009	The International HapMap Project	Réalisation d'une cartographie des variations génétiques humaines
2011	1000 genomes project	Cartographie des variations génomiques basée sur un séquençage complet à l'échelle d'une population.

Tableau 1. Bref historique des principales avancées ayant eu un impact sur l'indentification de facteurs génétiques associés à la réponse individuelle aux drogues. [9][4][7]

Ce livre aura comme objectif de présenter dans un premier temps les dernières découvertes concernant notre ADN en insistant sur l'existence de variabilités interindividuelles. Puis, nous nous attacherons à décrire les deux principales techniques d'étude de ces dernières.

D'une part nous évoquerons plusieurs méthodes de caractérisation de variations d'un seul nucléotide ainsi que les dernières avancées technologiques dans ce domaine. D'autre part, nous nous attarderons sur le séquençage complet du génome humain et les méthodes associées. Nous discuterons également des grands projets de collecte d'informations génétiques en cours et de l'importance de la bioinformatique.

Enfin, nous nous pencherons sur la place de l'analyse génétique au sein des essais cliniques. Avec dans un premier temps l'état actuel des études et leurs débouchés cliniques. Puis, dans un second temps nous étudierons l'intégration de la pharmacogénomique et son impact sur les essais cliniques. Et pour finir, nous ne manquerons pas d'évoquer quelques considérations d'ordre éthique et règlementaire associées aux tests génétiques.

2 Analyse et exploitation des données génomiques

Bien que notre ADN soit, pour sa majeure partie, conservé à travers le temps au sein de notre espèce, il existe toutefois des différences entre 2 individus qui sont significatives sur le plan médical. En effet, au sein de ces variations interindividuelles, résident des informations potentiellement utiles à la compréhension des maladies et de leurs traitements. Nous nous attacherons dans un premier temps à présenter les grandes régions de la séquence ADN, puis nous verrons différents types de variations pouvant avoir lieu au sein de cette dernière et qui présentent un intérêt médical.

2.1 Structures de l'ADN

Nos connaissances sur le contenu du génome humain lors de l'achèvement du projet « Human Genome Project » (2003) étaient, pour l'essentiel, limitées aux seuls gènes codants pour des protéines. Les parties non-codantes étant souvent relayées au rang de simples informations de régulation, voir de parasites. Nous savons maintenant que ces affirmations sont fausses et que ces dernières ont un rôle bien plus important qu'elles ne laissaient l'imaginer. Mettant ainsi en avant, de nouvelles informations, qui pourront à terme nous aider à mieux cerner le fonctionnement et l'évolution du génome.

2.1.1 Gènes codants pour des protéines

Les premières estimations, en 2001, concernant le nombre de gènes contenus dans le génome humain proposaient un chiffre compris entre 30 000 - 40 000 gènes[11]. A l'heure actuelle, il est admis que le génome humain contient seulement environ 20 500 gènes distincts codant pour des protéines[12] soit à peine 1% du génome complet. Ce chiffre ne permettant pas d'expliquer la grande diversité protéines humaines, de récents projets d'analyse du transcriptome ont permis la mise en évidence de l'importance de l'épissage alternatif. Ce mécanisme permet l'excision de certes parties des ARN transcrits de manière à produire différents isoformes d'une protéine. De ce fait, un gène unique permet de coder pour plusieurs protéines[13].

2.1.2 Élements non-codants conservés

La grande majorité du génome humain comporte des séquences dites non-codantes, c'est à dire qu'elles ne codent pas pour des protéines. Aujourd'hui, l'opinion collective de la communauté scientifique considère que ces parties du génome ont un rôle fonctionnel important. Certains de ces éléments, appelées CNS pour « conserved nongenic sequences » (séquences conservées non-codantes), sont des régions du génome qui sont conservées durant l'évolution.

Parmi ces CNS, il existe ainsi 481 régions du génome humain d'une longueur supérieure à 200 paires de bases qui sont conservées à l'identique entre l'homme, la souris et le rat [14]. De plus, quasiment toutes ces CNS ont été conservées pendant plus de 300million d'années[15]. Ces informations confirment ainsi l'idée que ces séquences ultra-conservées (UCE pour « Ultraconserved elements ») doivent avoir des fonctions importantes assurant ainsi leur transmission au cours de l'évolution.

Bien que notre connaissance des CNS soit limitée, les études récentes suggèrent que ces régions du génome serviraient d'amplificateurs (enhancers), de régulateurs de l'épissage, et pourraient servir de co-activateurs transcriptionnels. Ainsi, Pennacchio et al. ont pu tester 167 de ces CNS dans un modèle murin transgénique, rapportant que 45% de ces séquences fonctionnent de manière reproductible comme amplificateurs tissus-spécifiques, stimulant l'expression des gènes au stade embryonnaire.[16] Cette étude a permis de pointer l'étonnante complexité de l'architecture régulant l'expression des gènes dans les premières étapes du développement d'un individu. Les CNS peuvent ainsi être considérés comme un nouvel élément dans la régulation du génome humain. Leurs fonctions exactes sont cependant pour le moment mal connues et leur étude va présenter un challenge. En effet, nos connaissances des CNS proviennent d'analyses et de prédictions bio-informatiques. Les études expérimentales quant à elles sont encore très restreintes et nous ne serons en mesure d'annoter et de caractériser précisément l'ensemble des CNS qu'à l'aide de solides retours expérimentaux.

2.1.3 Régions non-codantes transcrites

D'autres preuves du rôle fonctionnel des parties non-codantes du génome ont été rapportées ces dernières années. Ainsi, il a été démontré qu'il existe des régions non-codantes qui sont transcrites en ARN. Cette « matière noire », telle qu'elle est nommée dans la littérature scientifique, comprends de nombreux ARN non-codants (ncARN ou ncRNA pour « non-coding RNA ») impliqués dans la régulation du génome[17].

Parmi ces ARN, les implications fonctionnelles sont particulièrement évidentes pour une classe appelée microARN (miARN). Ces petits ncARN d'environ 22 nucléotides de long ont été découverts pour la première fois chez *C. elegans* vers la fin des années 2000. Ils ont été, depuis, largement étudiés et rapportés comme régulateurs de plus de 60% de gènes en agissant sur la traduction des ARN messagers en protéines. Ils sont ainsi impliqués dans la modulation de nombreux processus, incluant la prolifération, la différentiation, l'apoptose et le développement cellulaire[18].

D'autres ncARN, de tailles plus importantes, appelées lincARN (ou lincRNA pour « large intergenic non-coding RNA ») semblent quand à eux impliqués dans le fonctionnement cellulaire tel que la régulation du cycle cellulaire, la réponse immunitaire, des processus nerveux et la gamétogénèse. En effet, bien que leurs mécanismes d'action exact reste à élucider, il semblerait que ces lincARN agiraient à la manière d'une « charpente flexible » liant ensemble deux complexes protéiques pour engendrer une fonction spécifique.[19]

Ce n'est ici qu'une partie des nombreux ncARN existant et restants à caractériser, mais une étude approfondie de cette « matière noire » permettra non seulement de mieux cerner le rôle fonctionnel des parties non-codantes du génome, mais également de découvrir de nouveaux mécanismes de régulation de la transcription.

2.2 Variations génomiques

Dans le cadre d'une étude pharmacogénomique l'intérêt d'explorer le génome humain réside dans les différences entres individus. Nous savons depuis le début des années 80, que les êtres humains possèdent des sites hétérozygotes c'est à dire qu'il possède deux versions différentes d'un même gène, un allèle, sur ses chromosomes homologues. L'ensemble des allèles présents sur les chromosomes d'un individu forme son Génotype. Ces allèles peuvent être très différentes d'un individu à l'autre expliquant par exemple, sur le plan macroscopique, la couleur des yeux ou des cheveux. On parle alors du polymorphisme des gènes.

2.2.1 SNP et Haplotypes

2.2.1.1 Single Nucleotide Polymorphisms (SNP)

Par définition un SNP ou pour « Single Nucleotide Polymorphisms » (polymorphisme d'un seul nucléotide) est une variation d'un seul nucléotide à une position donnée retrouvée dans plus de 1% de la population. En pratique des variations ayant une fréquence de moins de 1% sont parfois appelées SNP et servent à distinguer le matériel génétique d'un individu par rapport à un autre. Ils représentent ainsi, plus de 80% des variations génétiques humaines. A noter que typiquement les SNP sont bi-alléliques, c'est à dire qu'il existe 2 configurations possibles (bases) à cette position donnée chez les individus. Mais, ils peuvent cependant dans certains cas être tri- voir tétra-alléliques.

Parmi les 3 milliards de paires de bases (pb) du génome humain on peut observer environ 1 SNP toutes les 1000pb. Ils ne sont cependant pas distribués équitablement à travers le génome et leur fréquence peut varier de plusieurs centaines de fois entre deux régions. Il a été observé que les SNP se retrouvent à la fois dans les parties codantes et non-codantes du génome.[20] Situés dans ces dernières, les SNP n'altèrent pas les protéines mais peuvent toutefois jouer un rôle dans la régulation des gènes et leur évolution à travers les CNS et ARN non-codants évoqués en 2.1. En effet il a été observé que certaines CNS transcrites (ARN non-codants) seraient impliqués dans le développement de cancers. En bloquant certaines CNS surexprimées dans le cadre du cancer du colon à l'aide de petits ARN interférants (siARN ou siRNA pour « small interfering RNA ») il a été possible d'induire l'apoptose des cellules cancéreuses in-vitro. De plus il semble que les miRNA pourraient agir comme régulateurs de ces CNS transcrites. Partant de ces informations il a depuis été démontré que deux SNP situés dans des CNS sont associés aux risque de cancer du sein[14].

Chaque gène peut néanmoins contenir plusieurs SNP « codants », c'est à dire faisant partie de la séquence codante de ce gène, affectant ainsi l'expression des gènes. Pour les généticiens, les SNP constituent des marqueurs permettant de localiser des gènes dans les séquences d'ADN. Ils permettent ainsi d'évaluer les bases génétiques des pathologies humaines et de la réponse aux traitements. Supposons par exemple, qu'une variante d'un gène augmente les risques de souffrir d'hypertension artérielle, mais que l'on ignore l'endroit exact où se trouve ce gène sur les chromosomes. Il serait possible de comparer les SNP entre les individus souffrant d'hypertension artérielle et ceux qui n'en souffrent pas. Si on découvre un SNP plus fréquent dans la population de personnes souffrant de la maladie, on peut utiliser celui-ci pour localiser et identifier le gène impliqué dans la maladie[21].

2.2.1.2 Haplotypes

On estime le total de SNP à plus de 9 millions mais seule une petite fraction a été correctement caractérisée et validée. Les variations génétiques tendent cependant à être proches l'une de l'autre et à être héritées ensemble facilitant l'analyse des variations de type SNP. Par exemple, tous les individus ayant un A plutôt qu'un G à un endroit donné d'un chromosome peuvent présenter également d'autres SNP dans la région voisine du A sur le chromosome. Ces régions de variations groupées sont connues sous le nom d'haplotypes

Cette structure génomique basée sur des haplotypes reflète un phénomène connu en génétique des populations : le déséquilibre de liaison, c'est à dire une association préférentielle de deux allèles lors de la transmission héréditaire. La forte corrélation entre SNP au sein d'un halotype implique qu'il est possible de définir des SNP « marqueurs » qui constituent un identificateur unique d'un haplotype. Grâce à l'étude de ces haplotypes on estime que le nombre de SNP nécessaires pour contenir la plupart de l'information sur la variation génétique se situe entre 300 000 et 600 000, soit beaucoup moins que les 9 millions de SNP courants[22][21].

Les haplotypes sont des marqueurs très précis pour un gène donné car ils contiennent plus d'informations que de simples SNP désorganisés. Ainsi en pratique il n'est nécessaire d'étudier qu'une douzaine d'haplotypes pour chaque gène. De ce fait, moins de patients sont nécessaires pour obtenir une corrélation statistiquement significative entre variations génétiques et maladies ou traitements.[7]

2.2.2 Autres variations interindividuelles

Bien que de nombreuses études se sont portées sur les SNP et leur association sous forme d'haplotypes, ces derniers ne sont pas les seules variations interindividuelles qu'il est possible d'observer au sein du génome humain.

2.2.2.1 Insertions et délétions

Les insertions et délétions (INDEL) représentent la deuxième plus grande source de variations après les SNP. Ces INDEL sont distribués à travers le génome avec une densité moyenne d'un INDEL toutes les 7,2kb (kilo-bases) d'ADN et peuvent être classifiés selon différentes catégories :[7]

1) L'insertion ou la délétion d'une seule paire de bases
2) L'extension d'une paire de bases dans une séquence donnée
3) Une extension de plusieurs paires de bases constituée de 2 à 15 répétitions
4) Insertions d'éléments mobiles (Les transposons, qui sont des séquences capables de s'auto-répliquer et de se déplacer au sein du génome)
5) Insertion ou délétion d'une séquence ADN aléatoire.

Des études ont montré que le nombre et la taille des INDEL sont très variables entre les individus (Tableau 2). Ces différences peuvent néanmoins s'expliquer par les différences de méthodes d'analyse appliquées. Une étude récente à permis de recenser environ 2 millions d'INDEL de taille comprise entre 1 et 10 000 paires de bases à travers l'étude de 79 génomes individuels. Ainsi, parmi ces 2 millions d'INDEL plus de 800 000 sont directement liés aux gènes (incluant les promoteurs et les exons de ces derniers). [23]

Mais bien que ces implications fonctionnelles restent encore à explorer certaines études apportent déjà des informations concrètes. Ainsi une des maladies génétiques humaines la plus connue : la fibrose kystique ou mucoviscidose est fréquemment causée par un INDEL dans le gène CFTR (pour « Cystic fibrosis transmembrane conductance regulator ») éliminant ainsi un acide aminé et aboutissant à la fibrose kystique[24]. D'autres études impliquent les INDEL dans différents troubles Neuropsychiatriques par exemple le 5-HTTLPR polymorphisme est un INDEL de 44 paires de bases dans la région promotrice du gène codant pour le transporteur de la sérotonine et le variant court (tronqué) est considéré comme un facteur de risque pour différentes dysthymies (troubles de l'humeur chronique)[25].

Etude	Individu	Nombre d'INDEL	Taille des INDEL (pb)	Méthode
Levy et al. 2007	Venter	823 396	1 - 82 711	ABI
Wang et al. 2008	Han Chinese	135 262	1 - 3	Illumina/SOAP
Wheeler et al. 2008	Watson	222 718	2 - 38 896	454
Ahn et al. 2009	Korean (SJK)	342 965	1 - 26	Illumina/MAQ
Kim et al. 2009	Korean (AK1)	170 202	1 - 29	Illumina/Alpheus

Tableau 2. Différences de tailles et de nombre d'INDEL au sein de génomes individuels.[25]

2.2.2.2 Variations dans le nombre de copies (CNV)

Les avancées dans le domaine des technologies génomiques ont permis la mise en évidence de variations de taille intermédiaire entre les INDEL et les aberrations chromosomiques. Ces variations, essentiellement des insertions et délétions sont appelées CNV (pour « Copy Number Variations » soit variations du nombre de copies). Ce sont des segments de plus de 1kb présents un nombre variable de fois (comparé à un génome de référence). Il existe ainsi, chez un individu sain, environ 100 CNV couvrant 3Mb (3 méga-bases soit 3000kb) du génome. D'un point de vue médical, ces variations sont connues pour être présentes dans certains cancers et des observations récentes rapportent une implication directe des CNV dans plusieurs pathologies humaines complexes comme la schizophrénie et l'autisme[26][27][28].

2.2.2.3 Autres variations structurelles

En addition des SNP, INDEL, et CNV de récentes études génomiques ont mis au jour un nombre étonnamment grand de variations structurelles du génome (SV pour « structural variants ») de différentes tailles. Ceux ci incluant des insertions de séquences, insertions de transposons, délétions, duplications (incluant les CNV) et inversions. Ces SV peuvent couvrir plusieurs mégabases du génome et présenter ainsi une bien plus grande différence entre individus que les SNP impliquant un impact important sur les variations phénotypiques et sur l'évolution. De plus, ces variations structurelles se sont révélées impliquées dans de nombreuses pathologies incluant les maladies héréditaires, les maladies congénitales et le développement de cancers. [29][7].

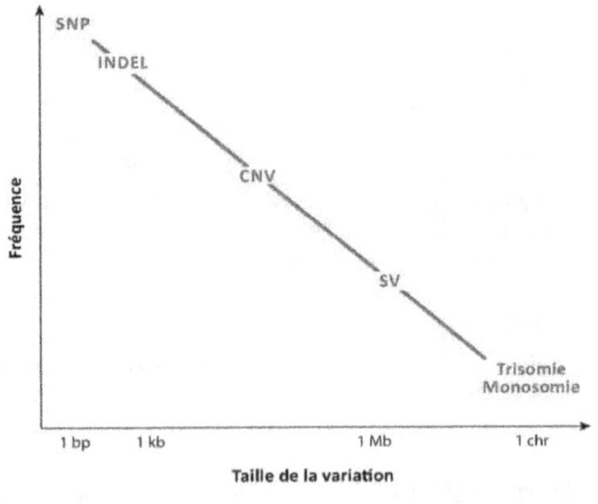

Figure 2. Schéma récapitulatif des différents types de variations selon leurs tailles et leurs fréquences à travers le génome. SNP : Single-Nucleotide Polymorphism, INDEL : Insertions-Délétions, CNV : Copy Number Variations, SV : Structural Variants (Schéma adapté de [28])

2.3 Projets à grande échelle

De grands projets ont été démarrés ces dernières années afin de collecter un maximum d'informations génétiques et de faciliter leur diffusion au sein de la communauté scientifique. Ces études à grande échelle, incluant souvent une participation mondiale, sont un apport essentiel pour la compréhension de notre génome en vue d'une médecine personnalisée.

- *Projet HapMap*

Parmi eux, le projet HapMap a débuté en 2002 dans l'objectif de réaliser une base de donnée publique, à l'échelle génomique, des variations communes de séquence chez l'homme (SNP – Haplotypes). Initialement la collecte des informations génétiques s'est effectuée sur 90 individus issus du Niger, 90 individus Américains (USA), 45 sujets Chinois et 44 Japonais. Ainsi lors de la première étape du projet, toutes les 5000 paires de bases au moins un SNP ayant une fréquence de 5% ou plus a été identifié puis avec l 'avènement des technologies de séquençage à haut débit plusieurs millions de SNP additionnels ont été identifiés à travers le génome portant ce chiffre à 9millions. Les données de HapMap ont été collectées dans le but de guider les études génétiques médicales. De plus, elles ont offert de nouvelles possibilités d'étudier les mécanismes d'évolution qui ont défini les variations naturelles entre les différentes populations. Ainsi, à l'heure actuelle, ces informations sont devenues une ressource de choix pour les chercheurs étudiant le développement de maladies complexes ou les variations de réponse aux médicaments. [21][22] (http://hapmap.ncbi.nlm.nih.gov/)

- *Human Variome Project (HVP)*

Un autre projet lancé en 2006 par une équipe Australienne s'est fixé comme objectif de cataloguer les variations du génome et de les rendre disponibles pour une application clinique. Les participants du HVP pour « Human Variome Project » travaillent ainsi sur la mise en place de standards, de règles éthiques, de méthodes de collecte d'informations automatisée, et d'aide à l'établissement de nouveaux projets. Ils portent ainsi l'espoir de collecter et de rendre accessible des informations sur plus de 1 000 000 de cas de maladies génétiques d'ici l'horizon 2015. Pour atteindre ce but, ils ont par exemple développé un protocole que les chercheurs peuvent suivre pour collecter des informations sur les mutations observées dans leur pays respectifs. De plus l'équipe du HVP a également lancé un programme pour financer cette collecte d'informations, le « Adopt-a-Gene Program ». Ce dernier consiste en la possibilité pour les industries et les associations de « sponsoriser » la collecte d'informations sur un gène spécifique. [7][30] (http://www.humanvariomeproject.org/)

- *Projet 1000 Genomes*

Annoncé en 2008, le « 1000 Genomes Project » est porté par un consortium international composé de nombreuses compagnies et organismes tels que le « Wellcome Trust's Sanger Institute » au Royaume-Uni, le « Human Genome Research Institute » aux Etats-Unis d'Amérique, et le « Beijing Genomics Institute » en Chine. Le but de ce projet est de recenser les variants génétiques présents à une fréquence supérieure à 1%. Pour se faire, 1000 individus verront leur génome séquencé intégralement. Ces volontaires recrutés en Afrique, Asie, Amérique et Europe ont donné leur accord pour une utilisation et une publication anonyme de leur séquence ADN. De plus, un projet pilote sur 180 individus a déjà été achevé en 2010[31]. Ces efforts ont montré des résultats encourageants avec des informations d'une grande précision et la découverte de nouveaux variants. (http://www.1000genomes.org/)

- *Personal Genome Project (PGP)*

Toujours dans l'optique de pouvoir un jour proposer une médecine personnalisée, un projet initié en 2006 par le Dr. Church de l'université d'Harvard a vu le jour. Le « Personal Genome Project » vise à recruter des volontaires en vue de rendre leurs informations génétiques et leur phénotype associé disponible. Ces données incluent la séquence de leur génome, leur historique médical, et toute autre information médicale pouvant faire part de leur profil clinique (Mesures corporelles, imageries médicales...etc.). De plus, des lignées de cellules de chaque individu seront prélevées et ces dernières seront déposées au « National Institute of General Medical Sciences ».

Contrairement à certaines études, ici les participants donnent leur accord pour l'exploitation de leurs données sans que leur identité soit masquée. A l'heure actuelle 10 individus, incluant le Dr. Church, se sont portés volontaires. Les organisateurs espèrent un jour porter ce chiffre à 100 000 et rendre l'intégralité des informations collectées accessibles gratuitement. [7] (http://www.personalgenomes.org/)

- *Genome-Wide Association Studies (GWAS)*

Une autre approche est celle du NIH (National Institute of Health) une institution gouvernementale des Etats-Unis d'Amérique. Elle vise à financer des études à l'échelle du génome (GWAS pour « Genome-Wide Association Studies ») qui aboutiront au développement d'une base de données centralisée. Ces GWASs reposent sur les nouvelles technologies et outils de recherches permettant d'analyser rapidement et pour un tarif acceptable les différences génétiques entre des individus porteurs d'une maladie spécifique telles que, le diabète ou des problèmes cardiovasculaires, et des individus sains. Plusieurs instituts du NIH projettent de démarrer des études GWAS ayant pour but d'accélérer le développement d'outils diagnostiques plus performants et de définir de nouveaux traitements plus sur et plus efficaces. De telles initiatives seront d'importantes contributions à la pharmacogénomique et à la médecine personnalisée.[7]

3 Technologies de génotypage

La réalisation de projets à grande échelle visant à récolter des informations génétiques repose sur l'analyse des variations génomiques, appelé *génotypage*. Il a pour but de les caractériser et de les localiser au sein du génome d'un individu ou d'une population donnée. En effet, il existe de nombreux polymorphismes au sein du génome humain chacun pouvant faire l'objet d'une étude spécifique impliquant de nombreuses techniques biomoléculaires.

Nous allons nous attacher ici à décrire celles ayant un impact important dans le cadre d'une approche biomédicale. Nous verrons ainsi dans un premier temps des méthodes de génotypage SNP puis nous nous pencherons sur le séquençage complet du génome avec l'étude des dernières avancées dans ce domaine. Enfin, nous discuterons des défis techniques soulevés par ces technologies.

3.1 Génotypage SNP/Haplotype

La plus grande partie des études impliquant une analyse génomique se base sur l'étude des polymorphismes les plus courants et les mieux étudiés : les SNP (et Haplotypes). De très nombreuses technologies sont associées à leur étude. Cependant, le génotypage de ces derniers implique généralement trois étapes. Premièrement, une amplification de l'ADN à étudier par PCR « pour Polymérase Chain Reaction » (Figure 3). Puis une discrimination allélique, c'est à dire le couplage des SNP d'intérêt à une référence. Et enfin, leur détection par différentes méthodes.

Nous allons dans cette partie décrire les 4 principes populaires de discrimination allélique : extension d'amorces (incorporation de nucléotides), hybridation, ligation, et clivage enzymatique, ainsi que les méthodes de détection associées.[32]

3.1.1 Méthodes basées sur l'extension d'amorces.

Cette approche implique l'incorporation de nucléotides à la suite d'une amorce ADN hybridée spécifiquement au niveau de l'allèle d'intérêt. Cette extension étant réalisée ensuite à l'aide d'une polymérase s'appuyant sur une matrice ADN constituée des fragments d'ADN d'intérêt amplifiés au préalable. A noter que, l'amorce utilisée est la plupart du temps commune à tous les allèles d'intérêt. Mais peut également être spécifique d'un seul allèle.

Dans le cadre d'une extension d'amorce commune (CPE pour « common primer extension ») l'amorce est conçue pour que son extrémité 3' soit adjacente au site contenant un SNP. L'identité de la base incorporée par la polymérase peut être ensuite déterminée par différentes méthodes pour révéler le polymorphisme. Cette méthode est simple à mettre en œuvre et permet la détection simultanée de plusieurs SNP. C'est pourquoi, un très grand nombre de produits commerciaux utilisent la méthode CPE pour le génotypage de SNP.

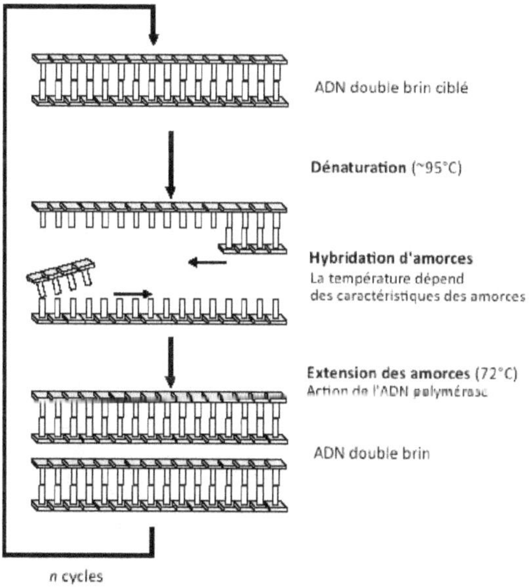

Figure 3. Principe général de la PCR (Polymérase Chain Reaction).

- *Couplage à la Spectrométrie de masse.*

Certains systèmes (MassARRAY™ de Sequenom par exemple) basés sur la méthode d'extension d'amorces utilisent un système de spectrométrie de masse à ionisation laser pour la détection des allèles (MALDI-TOF MS pour « matrix assisted laser desorption/ionization time-of-flight mass spectrometry »). Dans ces systèmes, les amorces spécifiques du ou des SNP d'intérêt sont étendues simultanément à l'aide de différents nucléotides. Les produits issus de ces extensions ont une masse différente correspondant à un des allèles de chaque SNP. L'analyse de cette masse révèle ainsi le génotype SNP de l'ADN étudié (Figure 4a).

La nature des nucléotides employés varie selon les méthodes utilisées. La plus simple approche consiste à utiliser des di-désoxynucléotides (ddNTPs) empêchant ainsi l'élongation de l'amorce au delà d'une seule base. Ce principe est appelé SBE pour « single base extension » ou extension simple base et ne nécessite aucune modification chimique de l'amorce ou des nucléotides, le rendant facile à mettre en œuvre.

Le principal problème de cette approche se situe au niveau de la résolution du spectre notamment dans le cas de SNP hétérozygotes A-T car la différence de masse est faible. Néanmoins, cette limitation a pu être surpassée par la modification des ddNTPs en leur rajoutant une étiquette (tag) augmentant la différence de masse entre 2 allèles ou en utilisant un mélange de désoxynucléotides (dNTPs) et de ddNTPs (Figure 4b et c).

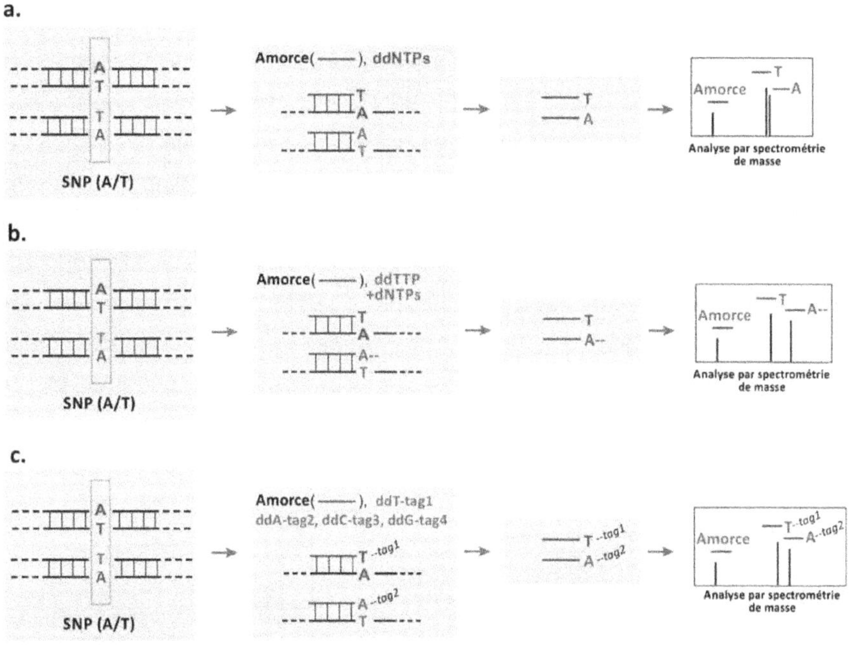

Figure 4. Schéma montrant l'impact des ddNTPs étiquetés sur la résolution des pics de spectrométrie de masse. a) Méthode standard SBE. b) Mélange ddNTPs + dNTP, l'élongation de l'un des fragments n'est pas arrêtée au site SNP permettant une meilleure séparation des pics. c) Les ddNTPs sont étiquetés à l'aide de marqueurs (tags) de masse.[32]

Afin d'optimiser la méthode et d'améliorer la possibilité de multiplexage, c'est à dire la possibilité d'analyser plusieurs SNP en même temps, il est possible d'utiliser des ddNTPs porteurs d'une étiquette (biotine par exemple) permettant leur purification avant analyse par spectrométrie de masse. L'isolement des produits d'extension par affinité moléculaire permet ainsi d'éliminer les éventuelles amorces qui n'ont pas incorporé de nouveaux nucléotides évitant ainsi la superposition des informations lors de l'analyse par MALDI-TOF MS. De plus, cette purification permet une amélioration de la résolution par l'élimination des sels contenus dans l'échantillon, une étape critique pour une analyse précise de fragments d'ADN par spectrométrie de masse.

• *Couplage à une détection par fluorescence.*

Les méthodes d'extension d'amorces couplées à une détection par fluorescence impliquent l'utilisation de ddNTPs étiquetés avec une molécule fluorescente (dye). Une des approches possibles consiste en une réaction et une détection homogène (par exemple : SNaPshot® d'Applied Biosystems), c'est à dire que l'extension des amorces et la détection ont lieu dans une même phase (liquide). Ce système implique l'utilisation de la méthode SBE (extension simple base) et que chaque ddNTPs soit étiqueté par une molécule fluorescente différente. On obtient ainsi des produits d'extension qui peuvent être détectés par électrophorèse capillaire chaque pic de fluorescence correspondant à un allèle (Figure 5).

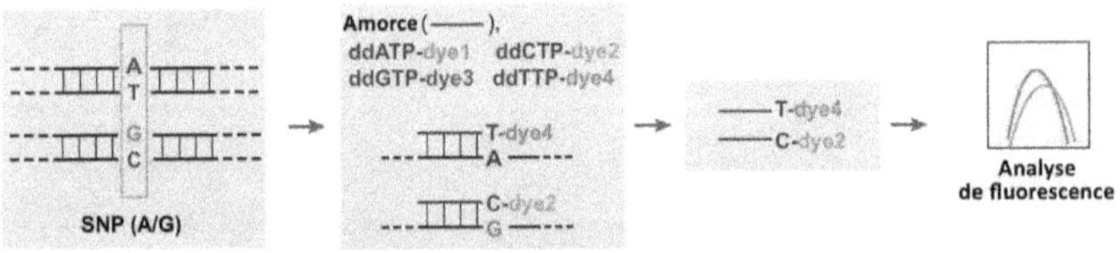

Figure 5. Schéma d'une méthode de génotypage SNP basée sur l'extension d'amorces couplée à une détection par fluorescence.[32]

Une autre approche basée sur le même principe général permet d'augmenter de manière drastique le multiplexage de la technique. Ainsi, l'extension des amorces se fait de la même manière (extension simple base en réaction homogène) tandis que la détection implique un support solide. Cette phase solide, appelée « puce à ADN » (DNA chip ou MicroArray) est constituée généralement d'une plaque de verre, de plastique ou de silicone sur laquelle a été greffé de manière ordonnée des « sondes ADN ». Ces dernières sont en réalité de courtes séquences de nucléotides permettant l'hybridation spécifique de fragments d'ADN. Une puce peut contenir à elle seule des centaines de sondes différentes chacune ayant une position connue sur la phase solide (Figure 6).

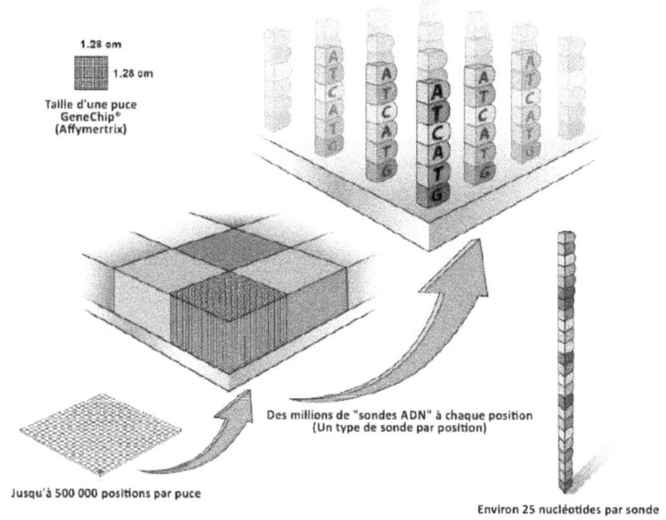

Figure 6. Schéma général d'une Puce à ADN. (Affymetrix.com)

Une fois la réaction d'extension réalisée les produits de cette dernière sont alors capturés par hybridation sur une puce à ADN porteuse de sondes complémentaires. La puce est ensuite rincée et scannée pour observer les signaux de fluorescence permettant ainsi la caractérisation du génotype étudié. Une autre possibilité impliquant les puces à ADN consiste à réaliser à la fois la réaction d'extension et la détection sur la phase solide. Ce sont alors les amorces qui sont greffées sur le support solide par leur extrémité 5' et la réaction d'extension se fait directement sur la puce à ADN en ajoutant la matrice (fragments d'ADN amplifiés à étudier) et les ddNTPs marqués par une molécule fluorescente. Cette méthode appelée APEX pour Arrayed Primer Extension a comme avantage de réduire les éventuelles interactions non spécifiques entre les amorces.

- *Extension d'amorces allèle spécifiques.*

Jusqu'à présent les techniques présentées utilisaient une extension d'amorce commune (CPE) les amorces étant alors non spécifiques d'un allèle précis. Néanmoins, une méthode, appelée SPE pour « Specific Primer Extension » (soit Extension d'amorces spécifiques) implique l'utilisation d'une paire d'amorces. Ces dernières sont identiques à l'exception de la dernière base à leur extrémité 3'. De ce fait, l'extension des amorces ne peut avoir lieu que si le dernier nucléotide s'hybride parfaitement au SNP (Figure 7).

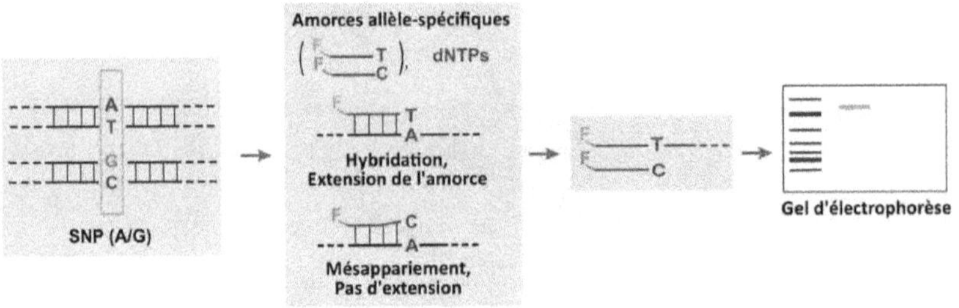

Figure 7. Schéma d'une extension d'amorces spécifiques. [32]

La détection du génotype peut alors être réalisé par PCR Allèle spécifique (AS-PCR) qui implique l'amplification de l'ADN génomique en utilisant d'une part les amorces spécifiques des allèles d'intérêt (amorces sens) marquées chacune par une molécule fluorescente différente, et d'autre par une amorce anti-sens commune. Les produits de PCR sont alors obtenus qu'en présence d'une parfaite hybridation de l'amorce et peuvent être détectés par mesure de la fluorescence.

3.1.2 Méthodes basées sur l'hybridation.

Les approches basées sur le principe de l'hybridation de deux brins d'ADN (sonde ADN et ADN cible) reposent sur la différence de stabilité thermique entre une hybridation parfaite et une hybridation partielle permettant ainsi d'aboutir à une discrimination allélique. De ce fait, les conditions dans lesquelles sont réalisées ces méthodes doivent être contrôlées pour aboutir à une hybridation parfaite uniquement. Généralement, l'efficacité de ces approches dépend de la longueur et des caractéristiques de la séquence des sondes ADN, de la position du SNP au sein de la sonde, et des conditions d'hybridation.

- *Couplage à une détection par fluorescence.*

Les méthodes basées sur l'hybridation entre une sonde ADN et l'ADN cible sont avant tout utilisées sur des puces à ADN. Par exemple dans les systèmes GeneChip® d'Affymetrix, les régions contenant les SNP à étudier sont amplifiées à partir d'ADN génomique, puis ces fragments amplifiés sont clivés et étiquetés. Enfin, la réaction d'hybridation à lieu sur des puces à ADN porteuses de sondes de 25 nucléotides allèles spécifiques. Après un lavage et l'ajout de réactif fluorescent se liant aux étiquettes des fragments, le génotype peut être déterminé par la mesure du signal de fluorescence de chaque site d'hybridation (Figure 8a). De cette manière, il est possible d'atteindre un haut niveau de multiplexage.

Une autre technique, le système TaqMan® d'Applied Biosystems, combine l'hybridation et l'activité 5' exonucléase de la polymérase pour générer un signal fluorescent. En effet, il est constitué de la manière suivante : 2 sondes ADN allèles spécifiques ayant une seule base de différence correspondant au site SNP et une paire d'amorces de PCR prévues pour s'hybrider de part et d'autre de la sonde. Les sondes portent deux molécules l'une en 3', fluorescente, le « Reporter » et l'autre en 5', non-fluorescente, le « Quencher ». Du fait de la proximité de ces dernières les sondes intactes ne présentent aucune fluorescence. Ainsi, pour détecter le SNP d'intérêt, une réaction de PCR est initiée sur l'ADN génomique en présence des sondes et des amorces. Sous l'action d'une polymérase ayant une activité exonucléasique 5' seule une sonde parfaitement hybridée est clivée, libérant ainsi la molécule fluorescente qui n'est alors plus inhibée par la molécule non-fluorescente et produit un signal (Figure 8b).
De ce fait les 2 allèles d'un SNP peuvent être déterminées simultanément (sous réserve d'utiliser des sondes allèles spécifiques porteuses d'une molécule fluorescente différente). Cette méthode ne nécessite qu'une seule étape enzymatique et se révèle simple à mettre en œuvre.

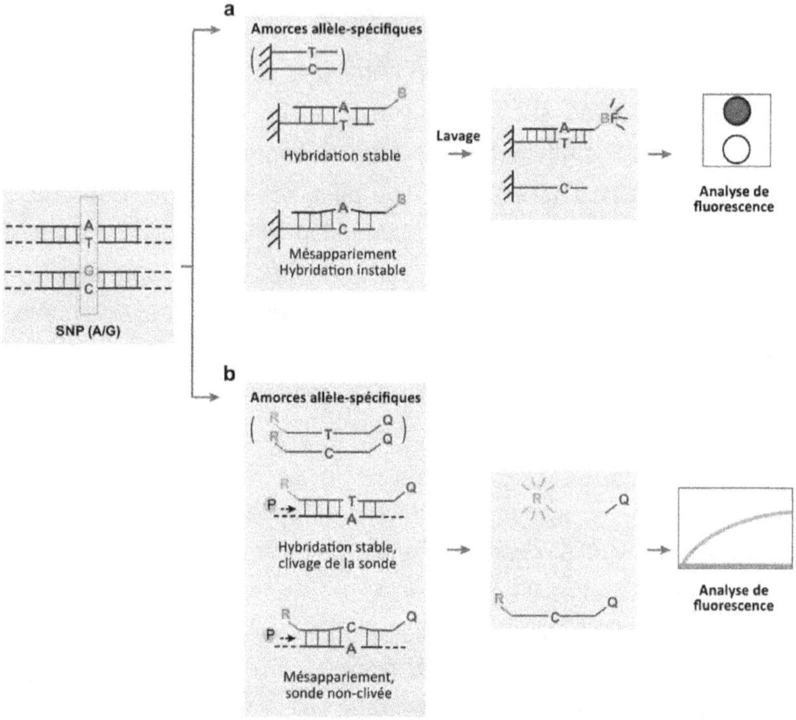

Figure 8. Schéma de méthodes de génotypage SNP impliquant une hybridation ADN-ADN et une détection par fluorescence. a) Méthode utilisée sur les puces à ADN de type GeneChip® (Affymetrix) b) Méthode TaqMan® d'Applied Biosystems[32]

- *Couplage à la Spectrométrie de masse.*

Le principe d'hybridation allèle spécifique est également utilisé conjointement à une détection par spectrométrie de masse MALDI-TOF. Dans cette méthode les sondes utilisées pour l'hybridation ne sont pas des séquences de nucléotides mais sont composées d'acides nucléiques peptidiques (PNA). Ces derniers sont des polymères synthétiques similaires à l'ADN, ils suivent ainsi le même principe d'hybridation et forment des complexes PNA-ADN plus stables que de simples complexes ADN-ADN. De ce fait, la température d'hybridation varie de 8 à 20°C pour une différence d'hybridation d'une seule base. Les sondes PNA devant ainsi de très bons candidats pour l'étude des SNP par hybridation. De plus la structure amide des PNAs les rend résistants à la fragmentation qui a lieu lors de l'analyse par MALDI-TOF et n'interfèrent donc pas avec l'analyse.

- *Hybridation allèle spécifique dynamique.*

L'hybridation allèle spécifique dynamique est une autre méthode de discrimination allélique par hybridation. Elle implique le suivi en temps réel de la dénaturation de l'hybridation d'un complexe sonde-fragment d'ADN par fluorescence. La première étape consiste en une amplification par PCR de la région contenant le SNP d'intérêt à l'aide d'un couple d'amorces. Une de ces dernières est biotinylée permettant l'isolement des fragments amplifiés sur des billes revêtues de Streptavidine (protéine ayant une très forte affinité pour la biotine). Une sonde allèle spécifique complémentaire est alors hybridée en présence d'un marqueur fluorescent intercalant. La courbe de température de dénaturation présente alors différents profils basés sur le degré de complémentarité entre la sonde et le fragment étudié. Il est ainsi possible de distinguer les différents allèles.

3.1.3 Méthodes basées sur la ligation

Les approches basées sur la ligation mettent en œuvre la spécificité enzymatique des ligases. Lorsque 2 séquences de nucléotides (oligonucléotides) s'hybrident avec une complémentarité parfaite sur un même brin d'ADN, et lorsqu'elles sont adjacentes l'une de l'autre, une ligase peut les joindre en une seule séquence.

Pour réaliser un génotypage SNP basé sur ce principe, 3 oligonucléotides sont généralement utilisés. Deux d'entre eux sont spécifiques d'un allèle (sonde ADN) et s'hybrident au niveau du site contenant un SNP. Le troisième quant à lui est commun aux deux allèles et se lie au fragment ADN immédiatement après la sonde. Ainsi, si la sonde est parfaitement complémentaire la liaison réalisée par la ligase a lieu. Les produits issus de la ligation sont ensuite détectés par différentes techniques permettant de révéler l'identité de la base présente au niveau du SNP.

- *Détection basée sur le transfert d'énergie de fluorescence.*

Une des méthodes de caractérisation du génotype SNP par ligation est basée sur le transfert d'énergie de fluorescence. Des étiquettes CFET (pour « combinatorial fluorescence energy transfer ») sont utilisées pour marquer les sondes allèle spécifiques. Ces étiquettes sont composées de fluorophores qui sont capables de réaliser un transfert d'énergie lorsque ils sont proches l'un de l'autre créant ainsi une signature unique en faisant varier les fluorophores et leur espacement au sein de l'étiquette.

Dans le cadre du génotypage SNP les 2 sondes allèles spécifiques sont marquées par des étiquettes CFET différentes. La troisième sonde commune quant à elle est biotinylée pour permettre la séparation des produits de ligation par interaction biotine-streptavidine. La caractérisation du SNP est ensuite basée sur le profil de fluorescence de l'étiquette. La diversité des étiquettes permise par le CFET permet une analyse de nombreux SNP simultanément (Figure 9).

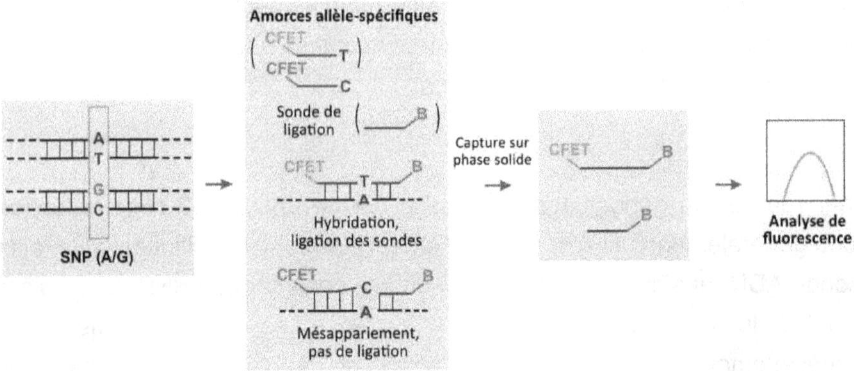

Figure 9. Schéma d'une méthode de génotypage SNP utilisant la ligation dont la détection est basée sur l'utilisation d'étiquettes CFET. [32]

- *Détection basée sur un système Padlock.*

La technologie Padlock consiste en une sonde linéaire dont les extrémités sont conçues pour imiter une sonde allèle spécifique utilisée pour une ligation classique au niveau d'un site SNP. De telles sondes sont utilisées par paire pour chaque SNP, ainsi, lorsqu'elles sont parfaitement complémentaires les extrémités de la sonde sont liées sous l'action de la ligase, formant alors un brin d'ADN circulaire.
La détection de la sonde Padlock circulaire peut ensuite être réalisée par amplification (Figure 10).

Une méthode similaire, la technique MIP (pour « molecular inversion probe ») developpée par ParAllele Bioscience, utilise une sonde Padlock modifiée utilisant l'extension simple base (SBE) au niveau du site SNP plutôt qu'une simple ligation. Cette étape est ensuite suivie de la dégradation des sondes non hybridées, puis de la linéarisation, de l'amplification par PCR, et de l'étiquetage fluorescent de la sonde correctement hybridée. Les produits de PCR alors hybridés sur une puce à ADN permettant la détection des allèles par mesure de fluorescence.

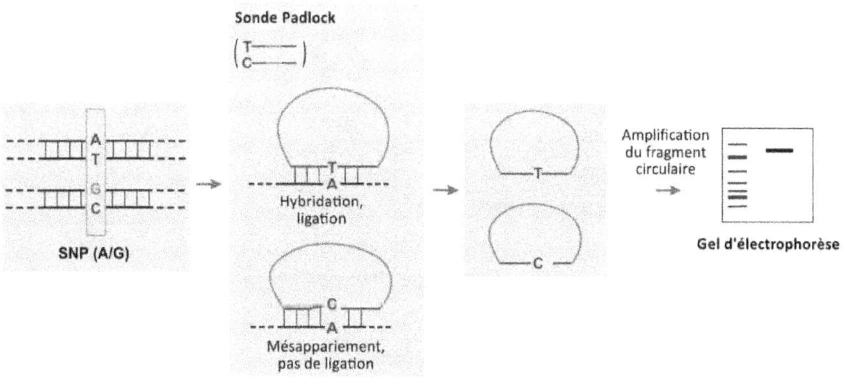

Figure 10. Schéma d'une méthode de génotypage SNP utilisant un système Padlock. [32]

3.1.4 Méthodes basées sur le clivage enzymatique

Le génotypage SNP par clivage enzymatique repose sur la capacité de certaines enzymes à cliver l'ADN (enzyme de restriction) en reconnaissant une séquence spécifique. De telles enzymes ne peuvent pas être utilisées pour la discrimination allélique que dans le cas où le SNP d'intérêt est situé au niveau d'un site de reconnaissance d'une enzyme de restriction et affecte ce dernier.

- *Détection de variations par longueur de fragments de restriction*

Dans cette méthode, les enzymes de restriction reconnaissent un site de clivage au sein d'un fragment ADN double brin résultant en une séparation de ce dernier en deux séquences plus courtes. Le produit de cette réaction est alors déposé sur un gel d'électrophorèse le génotype est alors facilement déterminable par la taille des fragments. Cette méthode ne requiert par de sondes toutefois elle possède un débit limité et n'est applicable qu'à certains SNP (Figure 11).

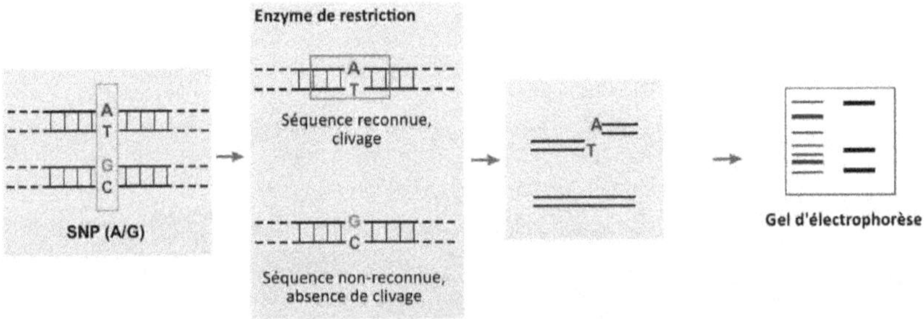

Figure 11. Schéma du principe de génotypage SNP par clivage enzymatique détecté par longueur des fragments de restriction. [32]

- *Clivage structure spécifique et détection par fluorescence.*

Un autre procédé d'analyse de SNP par clivage enzymatique développé par Third Wave Techologies (Invader®) utilise une endonucléase flap. Cette enzyme permet le clivage d'une structure ADN spécifique.

Cette technique nécessite 3 sondes ADN pour génotyper un SNP : 2 sondes allèles spécifiques et une troisième sonde commune appelée « invader ». L' « invader » est complémentaire de la région située en 3' du site contenant le SNP, son dernier nucléotide étant située au niveau du SNP et ne formant pas d'hybridation avec ce dernier. Les sondes allèles spécifiques quant à elles sont complémentaires de la région en 5' du site SNP avec une séquence supplémentaire marquée par fluorescence à leur extrémité 5'. Cette hybridation forme avec l' « invader » une structure tridimensionnelle qui est reconnue par l'endonucléase flap. L'enzyme clive alors la séquence supplémentaire porteuse du fluorophore permettant ainsi sa détection. L' « invader » restant en place il est possible d'étudier les deux allèles en parallèle (Figure 12).

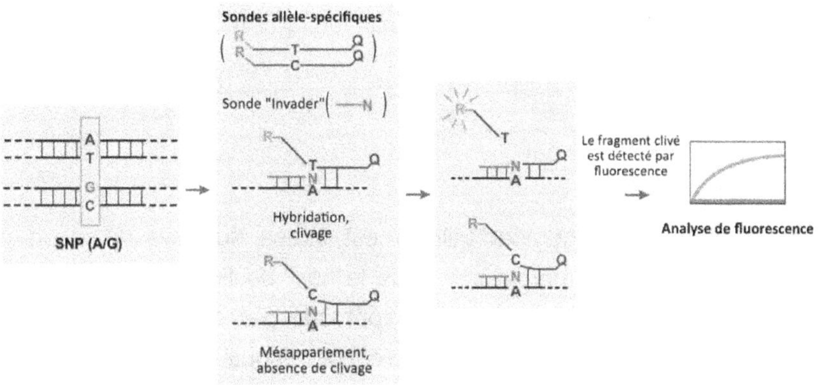

Figure 12. Schéma de la méthode Invader® : génotypage SNP par clivage enzymatique. [32]

3.1.5 Autres méthodes

Les approches précédemment décrites (extension d'amorces, hybridation, ligation, clivage enzymatique) bien qu'appliquées dans de nombreuses méthodes de génotypage SNP ne sont pas exhaustives. Elles peuvent être par ailleurs combinées entre elles. En effet, certaines techniques comme le BeadArray™ d'Illumina utilisent à la fois l'hybridation, l'extension d'amorces et la ligation pour aboutir à une discrimination allélique. Outre ces méthodes combinatoires, d'autres approches ont été développées mettant en œuvre d'autres principes de biologie moléculaire.

- *Polymorphisme de conformation simple brin*

Le principe de la PCR-SSCP pour « Polymerase Chain Reaction – Single-Strand Conformation Polymorphism » repose sur l'analyse de la structure secondaire d'un simple brin d'ADN. En effet, lorsque des molécules d'ADN simple brin présentant une différence d'une seule base sont déposées sur un gel d'électrophorèse en conditions non dénaturantes, elles présentent une mobilité différente due à leur conformation. Ainsi, les régions d'ADN à étudier sont amplifiées par PCR à l'aide d'amorces marquées par fluorescence puis sont analysés par électrophorèse capillaire.

Cette technique a ainsi pu être utilisée pour le génotypage simultané de plusieurs SNP en utilisant des étiquettes fluorescentes et des longueurs de fragments de PCR différents. Cette technique a comme avantage de permettre la détection de SNP inconnus bien qu'elle ne révèle pas leurs positions exactes.

- *Chimiluminescence*

Une autre approche largement utilisée est basée sur une détection par chimiluminescence. Commercialisée sous le nom de Pyrosequencing™ par Biotage, cette technique implique une approche par extension d'amorces. Les nucléotides utilisés sont alors des dNTPs ajoutés un par un (dATP, dCTP, dGTP, ou dTTP) et lorsqu'ils sont correctement incorporés ils libèrent un pyrophosphate inorganique (PPi). Ce dernier est alors utilisé dans une série de réactions enzymatiques aboutissant à une production de lumière. Il est alors possible d'observer l'incorporation d'un nucléotide précis et de définir ainsi la base correspondante au site SNP étudié.

Cette technique présente une grande facilité d'automatisation ainsi qu'une rapidité de détection. Elle est également utilisée pour réaliser une analyse d'une plus grande portion d'ADN voir d'un génome complet et sera par conséquent traitée plus en détails dans la partie ci-dessous traitant du séquençage ADN (3.2 Séquençage ADN).

- *Nano biotechnologies*

Afin d'apporter des solutions de génotypage SNP de routine pour un usage clinique, des méthodes employant des nanoparticules ont été développées. Celles-ci peuvent ainsi permettre d'obtenir des résultats rapides avec une bonne sensibilité pour de faibles quantités d'échantillon d'ADN. Leur principe général repose sur l'hybridation de sondes allèles-spécifiques greffées à une nanoparticule d'or. Ces dernières ayant comme propriété de donner une coloration rouge à l'échantillon, permettant ainsi, une discrimination allélique rapide[33][34].

Pour aller plus loin encore, une technique alternative utilisant une détection par spectrométrie de masse permettrait une détection de plusieurs variations sur un échantillon d'ADN génomique sans passer par une étape d'amplification. Dans cette approche, les nanoparticules sont alors étiquetées à l'aide de disulfites de tailles variables générant un signal unique sur le spectre de masse permettant ainsi, à la fois un multiplexage important et une sensibilité proche des techniques utilisant une amplification par PCR.[35]

Pour conclure cette vue d'ensemble des méthodes courantes de Génotypage SNP, il est intéressant de noter que la méthode de choix de caractérisation d'une dizaine de SNP pour une centaine d'échantillons, est basée sur l'approche TaqMan®. Pour d'avantage de SNP, jusqu'à environ 1000, le système MassARRAY (spectrométrie de masse) est généralement privilégié. Tandis que la méthode commerciale (Affymetrix GeneChip®) permettant actuellement le plus haut taux de multiplexage repose sur la technologie MIP : Molecular Inversion Probe. Enfin, de nouvelles méthodes sont à l'étude, basées par exemple sur la mesure de conductance d'un fragment d'ADN double brin pour la détection d'un mésappariement.[7]

3.2 Séquençage ADN

Bien que les technologies de génotypage SNP se soient grandement développées, notamment sur le plan du multiplexage, elles ne permettent d'observer qu'une faible partie de l'information génétique. On passe ainsi à coté de possibles variations pouvant expliquer la condition d'un individu. Avec le séquençage complet du génome humain achevé en 2003 la porte du « génome personnel » a été ouverte. En effet, il est possible maintenant non plus de chercher une variation précise à un endroit donné mais de connaître l'intégralité de la séquence ADN d'un individu. Dans cette partie nous nous attacherons aux techniques de séquençage, à leurs évolutions et à leurs perspectives.

3.2.1 Origines du séquençage

En 1976-77, deux techniques permettant la détermination rapide d'une séquence ADN ont été publiées. D'un coté la méthode de Fred Sanger et Alan R. Coulson[36] et d'autre part celle de Allan Maxam and Walter Gilbert[37]. Cette dernière est basée sur la modification et dégradation de l'ADN. Elle met en œuvre les propriétés chimiques des différentes bases constituantes de l'ADN permettant de réaliser des coupures spécifiques. Ainsi en étudiant l'ordre de ces coupures il est possible de déterminer la séquence initiale. Néanmoins cette méthode faisant usage de nombreuses substances toxiques et radioactives, elle a très rapidement fait du « séquençage Sanger » la seule méthode de choix utilisée durant les 30 années suivantes[38].

- *Méthode de Sanger*

Le principe général de la méthode de Sanger, dite de séquençage par terminaison de chaîne (Chain-termination sequencing), repose sur l'arrêt de l'élongation d'un fragment d'ADN à l'aide d'un didésoxynucléotide (ddNTP). De ce fait la longueur du fragment obtenu peut être utilisé pour déduire l'identité de la base finale. A l'origine, le fragment d'ADN à séquencer était mélangé avec des amorces complémentaires de quelques bases de longueur. Ce mélange était ensuite réparti dans 4 solutions contenant des dNTPs dont un ddNTP permettant l'arrêt de l'élongation à une base définie par ce dernier. Après une élongation de l'amorce réalisée à l'aide d'une polymérase, les fragments obtenus au sein des 4 solutions étaient déposées sur un gel d'électrophorèse (1 par puit). Il était ainsi possible de déduire la séquence ADN à l'aide de la taille des fragments obtenus (Figure 13).

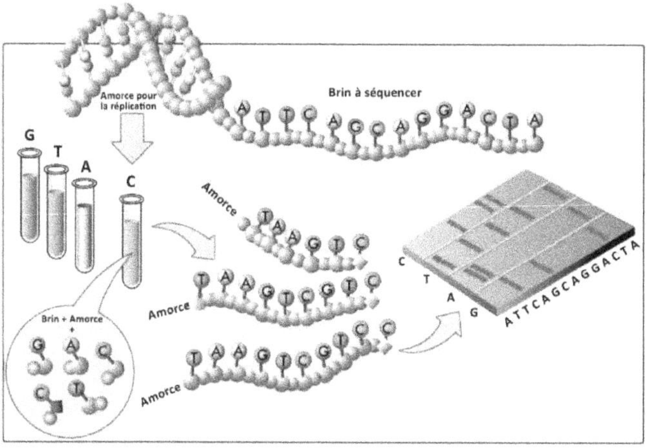

Figure 13. Méthode Sanger[39],

Au milieu des années 90, l'électrophorèse capillaire et la détection multi-couleurs par fluorescence ont été intégrées à la méthode Sanger. Ainsi, les ddNTPs sont marqués par fluorescence (un marqueur différent pour chaque ddNTP) et mélangés avec l'ensemble des dNTPs non marqués (et non terminateurs) dans une réaction cyclique permettant l'arrêt de l'élongation à toutes les positions correspondantes de la séquence à étudier. Il est alors possible d'utiliser une électrophorèse capillaire pour séparer les fragments par leur taille et obtenir la nature de la base finale de ces derniers par observation du signal de fluorescence (Figure 14).[40]

Le développement de cette technique, notamment dans le domaine des marqueurs fluorescents et des protocoles de cycles de séquençage ont permis d'améliorer le débit, la précision, la sensibilité, et la robustesse de la méthode Sanger. Aboutissant ainsi à la création de systèmes de séquençage automatisés à haut débit qui ont servi à séquencer de nombreux génomes, y compris le génome humain. A l'heure actuelle, les séquenceurs capillaires de pointe utilisant la méthode Sanger (ABI3730XL® d'Applied Biosystems) permettent l'identification de 1 à 2 million de paires de bases par 24h avec la possibilité de lire avec une grande précision des fragments jusqu'à 1000 paires de bases.

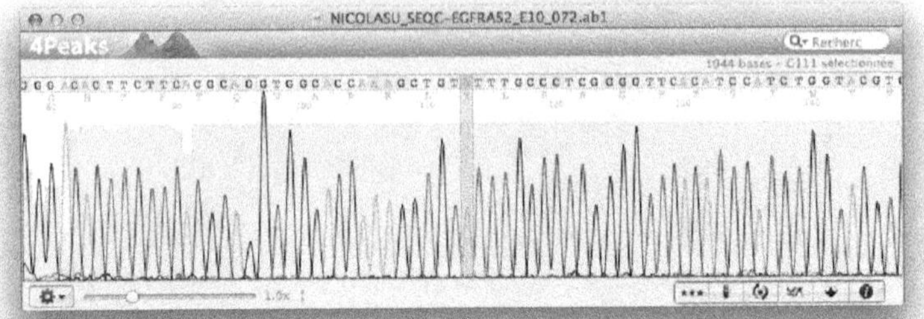

Figure 14. Exemple de résultat de séquençage par méthode Sanger

Dans le cas de grandes séquences ADN, il est nécessaire de fragmenter ces dernières afin de réaliser un séquençage complet. Ainsi, en complément de l'amélioration technique de la méthode Sanger, de nouvelles stratégies de séquençage permettant d'accroitre l'efficacité de cette méthode ont vu le jour. A l'origine, le séquençage génomique reposait sur la fragmentation du génome par sonication en fragments de plusieurs dizaines de kilo-bases. Ces fragments étaient alors clonés dans des vecteurs adaptés comme des « chromosomes artificiels bactériens » (BACs). Ensuite, ces derniers étaient ordonnancés (sondes d'hybridation, profils de resitriction, ou séquençage des extrémités) afin de réaliser un recouvrement par chevauchement du génome. Enfin, les clones étaient fragmentés et séquencés individuellement puis assemblés à l'aide de méthodes bio-informatiques. C'est ce principe général, appelé « ordonnancement hiérarchique », qui a été utilisé dans l'étude plusieurs génomes comme celui de l'homme par le « Human Genome Project ».(Figure 15a) [10]

Une autre approche du nom de « whole genome shotgun » (WGS) permet de réduire les coûts engendrés par la réalisation d'un « ordonnancement hiérarchique ». Dans cette méthode le génome est fragmenté en séquences variables de quelques kilo-bases qui sont alors séquencées. Puis l'ordonnancement des fragments par chevauchement est alors entièrement généré par une analyse bio-informatique. (Figure 15b)[41]

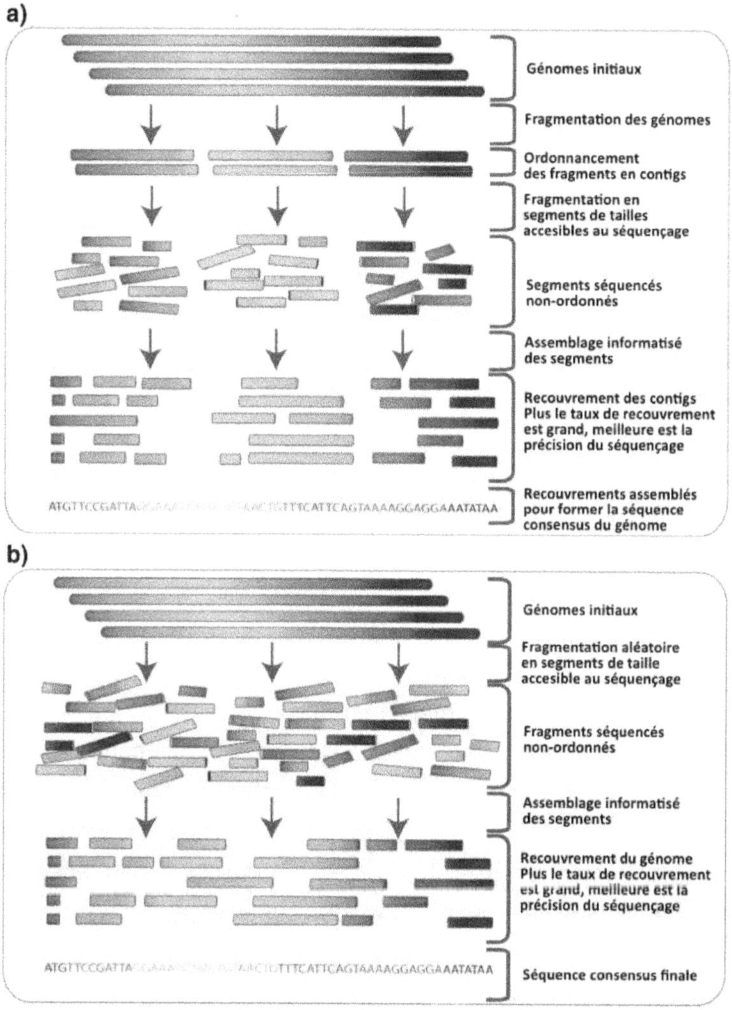

Figure 15. a) Stratégie de séquençage génomique dite "Ordonnancement hiérarchique" b) Stratégie de séquençage génomique "Whole Genome Shotgun".[42]

Il faut cependant garder à l'esprit que le séquençage d'un génome complexe a coûté plusieurs millions de dollars US (2,7milliards pour le génome humain) et a mobilisé des centaines de scientifiques à travers le monde. Bien que les améliorations de la méthode Sanger ont permis de réduire drastiquement le prix de l'identification d'une base, passant de 10$ par base à 10$ pour 10 000 bases entre 1985 et 2005 cette technologie reste couteuse pour une utilisation en routine. D'autre part, pour certaines applications (recherche de mutations au sein d'une tumeur par exemple), il n'est pas possible du fait de la technologie employée, de détecter des mutations rares au sein d'une population de cellules[41][40][43].

3.2.2 Technologies de séquençage nouvelle génération

Les facteurs limitants de la méthode historique ont amené le développement de nouvelles technologies permettant d'analyser plusieurs échantillons en parallèle, sans clonage ou réalisation d'une cartographie des éléments du génome au préalable et surtout à des coûts bien plus faibles.

Ainsi, plusieurs technologies de séquençage nouvelle génération (« next-generation sequencing technologies » ou NGST) ont vu le jour et sont déjà commercialisées. Ces dernières ont plusieurs caractéristiques communes. Premièrement, elles emploient le principe dit de « séquençage par synthèse » (sequencing-by-synthesis) c'est à dire que l'analyse de l'enchainement des nucléotides ne se fait plus par l'interprétation d'une réaction terminée (Sanger) mais par l'analyse de l'incorporation des nucléotides les uns après les autres. Deuxièmement, contrairement à la méthode Sanger l'analyse est faite sur une amplification de l'ADN et non plus sur une population de clones. Cette spécificité est importante pour la détection des mutations rares. Enfin, ces technologies permettent un bien plus grand débit d'analyse tout en ayant des coûts inférieurs.[41]

- *Pyroséquençage (454)*

La première apparition de ces NGST à lieu en 2005 avec la publication d'une méthode de séquençage par synthèse dite de « pyroséquençage » développée par Life Sciences.

Les premières versions du 454 pouvaient atteindre un débit de séquençage équivalent à 50 séquenceurs capillaires de type 3730XL (Applied Biosystems) pour un sixième du coût. Cependant, l'enthousiasme de la communauté scientifique n'a pas été au rendez-vous. En effet beaucoup de scientifiques, habitués à utiliser la méthode Sanger, objectèrent que le 454 ne permettait pas une aussi bonne fidélité de séquence et que la longueur de lecture des fragments était trop courte obligeant de traiter d'avantage d'informations.[38]

Néanmoins, ces problèmes avaient déjà été rencontrés lors des prémices de la technique Sanger, offrant alors des longueurs de lecture ne dépassant pas 80 paires de bases (pb). A l'origine, le pyroséquençage permettait de séquencer des fragments allant jusqu'à 100pb et seulement 16 mois plus tard ce chiffre était porté à 250pb. A l'heure actuelle il est possible d'obtenir des longueurs de lecture allant jusqu'à 1000pb égalant ainsi la méthode Sanger tout en ayant un débit très largement supérieur atteignant 700 millions de paires de bases par 24h soit 300 fois supérieur (Roche 454 GS FLX).[44]

Dans ce système, l'ADN génomique est fragmenté pour obtenir des séquences de taille acceptable pour le séquençage (environ 800pb). Ces fragments sont ensuite liés à des adaptateurs puis séparés en ADN simple-brin. Les adaptateurs nouvellement greffés permettent alors la capture d'un fragment ADN sur une micro-bille. Une réaction de PCR en émulsion est alors réalisée sur les billes greffées afin de s'assurer d'obtenir un signal suffisamment important lors du séquençage. Cette méthode d'amplification consiste à prélever une bille isolée dans une goutte de réactifs pour PCR et d'immerger celle ci dans une solution huileuse. A noter que cette étape permet de s'affranchir de l'étape fastidieuse de clonage de la méthode Sanger. Une fois l'amplification terminée, l'émulsion est brisée puis l'ADN est dénaturé. Les billes sont ensuite déposées sur une plaque contenant des millions puits n'acceptant qu'une bille et servant alors de réacteurs individuels pour la réaction de séquençage (Figure 16). [45][41]

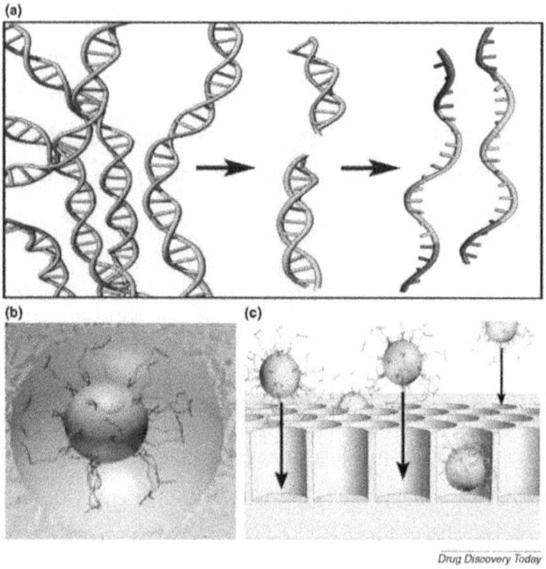

Figure 16. Préparation de l'ADN génomique pour le pyroséquençage 454 (Roche). a) Fragmentation de l'ADN et ligation des adaptateurs aux fragments. b) Amplification des fragments par PCR en émulsion sur des microbilles. c) Incorporation des billes sur une plaque contenant des millions de puits en vue de la réaction de séquençage.

La réaction de séquençage, appelée « pyroséquençage » repose sur le mécanisme de synthèse de l'ADN qui veut que lorsqu'un nucléotide est incorporé par l'ADN polymérase un pyrophosphate est libéré. C'est ce dernier qui sert alors à initier une cascade réactionnelle aboutissant à un signal lumineux (Figure 17). En effet, le pyrophosphate est converti en adénosine triphosphate (ATP) par une enzyme, la sulfurylase :

Pyrophosphate + adénosine 5'-phosphosulfate (APS) $\rightleftharpoons$ ATP + sulfate

Cet ATP est ensuite utilisé par une autre enzyme, la luciférase, pour transformer la luciférine (substrat) en oxyluciférine et produire un signal lumineux selon la réaction simplifiée suivante :

Luciférine + ATP + Mg^{2+} +O_2 $\rightarrow$ Oxyluciférine + AMP + pyrophosphate + CO_2 + Lumière

Ainsi, lorsqu'un nucléotide est incorporé le signal lumineux est détecté par une caméra. On procède ensuite à un lavage permettant d'éliminer les nucléotides qui n'auront pas été utilisés, puis on ajoute un nucléotide différent. Ce cycle est alors répété plusieurs fois avec les 4 nucléotides jusqu'à ce que l'intégralité du brin complémentaire au fragment à séquencer soit synthétisé. A noter que l'intensité du signal est directement proportionnelle au nombre de nucléotides incorporés il est de ce fait possible de déduire à la fois la qualité d'une base ainsi que son nombre de répétitions. [45]

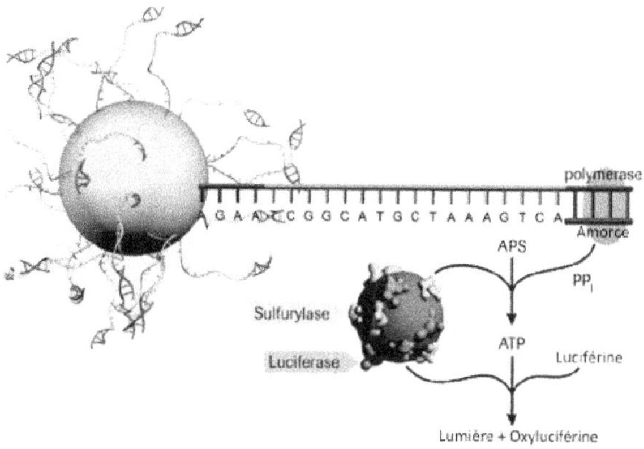

Figure 17. Réaction de pyroséquençage ©454.com

Depuis son entrée sur le marché, le pyroséquençage été utilisé dans de nombreux domaines de la génomique. La technologie a par exemple été utilisée comme outil pour du séquençage complet du génome et du transcriptome (Mammouth, Homme, Bactéries de...etc) ou pour l'étude des SNP ainsi que des variations structurelles. De plus, s'affranchissant de l'étape de clonage elle a permis la découverte de variants rares dans certaines tumeurs expliquant la résistance à certains traitements anticancereux comme par exemple une mutation du récepteur à l'EGF (facteur de croissance épidermique) dans des cellules cancéreuses du poumons aboutissant à une résistance à l'Erlotinib (Molécule anticancéreuse). [41][38]

- *Technologie Solexa (Illumina)*

Peu de temps après la commercialisation de la plateforme 454, en 2006, Solexa (rachetée par Illumina en 2007) mit sur le marché une autre solution de séquençage par synthèse conçue pour atteindre de meilleurs débits pour un coût encore plus bas.[43]

Bien que la préparation de l'ADN à séquencer est très proche de la méthode 454, le séquençage repose non plus sur une réaction de chimioluminescence mais sur une détection fluorométrique. En effet, tout comme dans le cas du pyroséquençage, des adaptateurs sont greffés aux fragments d'ADN a séquencer. Puis, après dénaturation, ils sont immobilisés à une de leur extrémité sur un support solide (plaque). La surface de ce dernier est densément greffée de ces mêmes adaptateurs et de leur complémentaire. Cette configuration permet alors la formation d'un « pont » par l'hybridation de la partie libre du fragment à un adaptateur complémentaire présent sur le support. En présence de réactifs de PCR les adaptateurs servent alors d'amorces et plusieurs cycles d'amplification sont réalisés afin d'obtenir environ 1000 copies du fragment concerné (étape nécessaire pour obtenir un signal suffisant pour la détection). (Figure 18 cadre 1 et 2)

Une fois l'étape de PCR terminée on obtient des groupements très denses de fragments d'ADN amplifiés. Ces « polonies » (concaténation des mots polymérase et colonies) servent alors de support à la réaction de séquençage. Pour réaliser celle ci, on ajoute à la surface du support solide : des amorces, les 4 nucélotides marqués par des fluorophores différents et une ADN polymérase acceptant ces bases modifiées. Après incorporation d'un nucléotide la réaction se termine car l'étiquette fluorescente agit comme un « terminateur » empêchant la poursuite de la synthèse du brin d'ADN. Un détecteur capable d'identifier les 4 fluorophores capture alors l'état des différentes « polonies » permettant alors l'identification de la première base. Les « terminateurs » sont alors chimiquement clivés autorisant un nouveau cycle d'incorporation, cette étape est répétée autant de fois que nécessaire pour obtenir l'intégralité de la lecture du fragment. [45][46] (Figure 18 cadre 3)

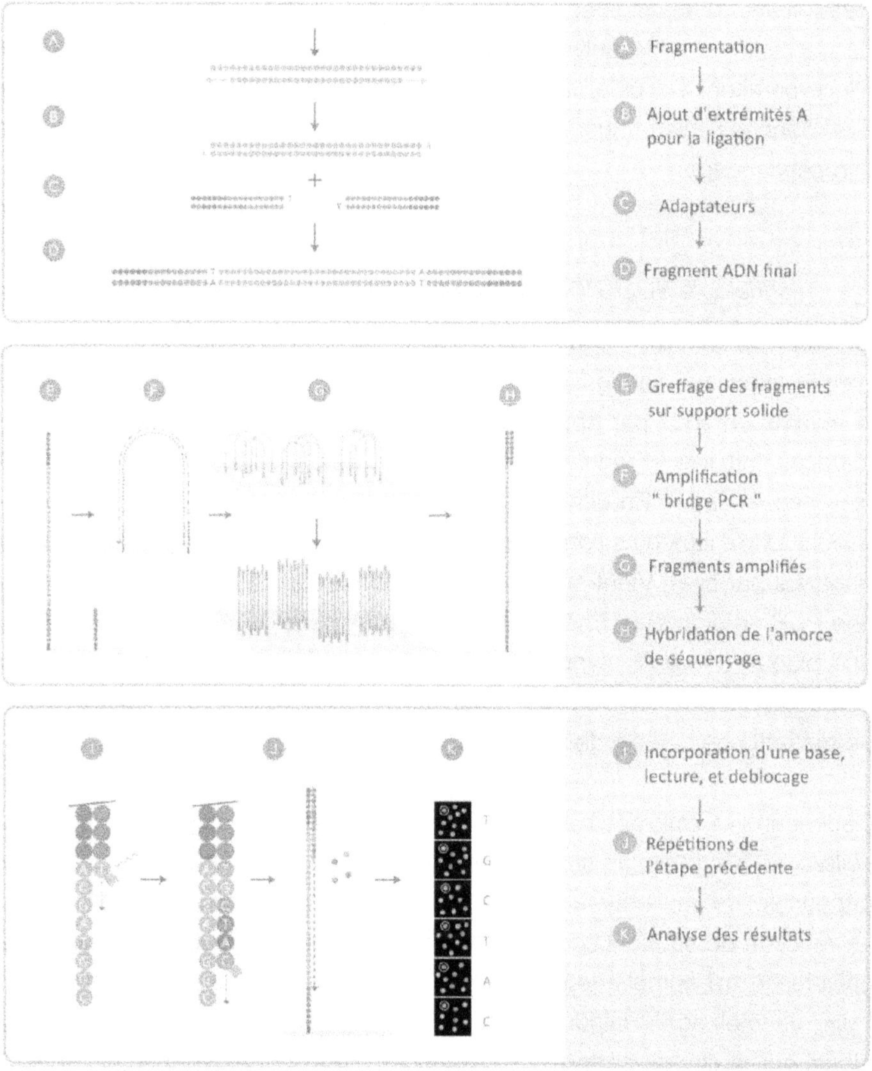

Figure 18. Technologie Solexa/Illumina ©Illumina.com

Cette technologie permet ainsi d'atteindre des débits de l'ordre de plusieurs Gigabases par support. En effet, avec à l'heure actuelle des longueurs de lecture d'envrion 100-150pb et la possibilité d'obtenir plusieurs millions de « polonies » en simultané, les dernières avancées permettent d'obtenir plus de 100 Gigabases par 24h (HiSeq 2500 Illumina).

Néanmoins les principales limitations de ce système sont dues à l'utilisation de nucléotides et de polymérases modifiées pouvant aboutir à des erreurs d'incorporation. De plus, la faible longueur de lecture impose un traitement des données bien plus important que dans le cas d'une analyse par pyroséquençage. [41]

- *Technologie SOLiD™ (Applied Biosystems)*

La méthode SOLiD™ pour « Sequencing by Oligo Ligation and Detection » (soit Séquençage par ligation d'oligonucléotides et détection ») a été mise sur le marché en 2007 par Applied Biosystems. Concrètement, la réalisation des matrices initiales (Fragments d'ADN) est très similaire à l'approche 454 (pyroséquençage). En effet, les fragments d'ADN sont pourvus d'adaptateurs à leurs extrémités puis sont dénaturés et fixés sur des biles magnétiques (un fragment par bile). Vient ensuite l'étape d'amplification réalisée elle aussi par une PCR en émulsion. Ensuite, ces billes sont liées de manière covalente sur une plaque de verre. A noter que la taille des billes est sensiblement plus petite que celles employées dans la méthode 454 (1μm contre 26μm) permettant une densité de séquençage bien plus importante.[41]

Cependant et contrairement aux autres méthodes de nouvelle génération, celle-ci ne s'appuie pas sur la synthèse d'un brin complémentaire, nucléotide par nucléotide, mais sur la ligation d'oligonucléotides de 8 bases de longueur. La réaction de séquençage est initiée à l'aide d'une amorce de séquençage universelle (n) complémentaire des adaptateurs liés aux fragments d'ADN. Puis, un mélange d'oligonucléotides partiellement dégénérés (8bases) est ajouté sur la plaque porteuse des matrices. Ces sondes sont composées de 2 bases définies (en 3', position 1 et 2), 6 bases dégénérées (pouvant s'hybrider à n'importe quelle base), et pour finir un marqueur fluorescent (en 5'). Chaque fluorophore défini 4 combinaisons possibles basées sur les 2 bases prédéfinies et formant alors un encodage couleur.[47](Figure 19)

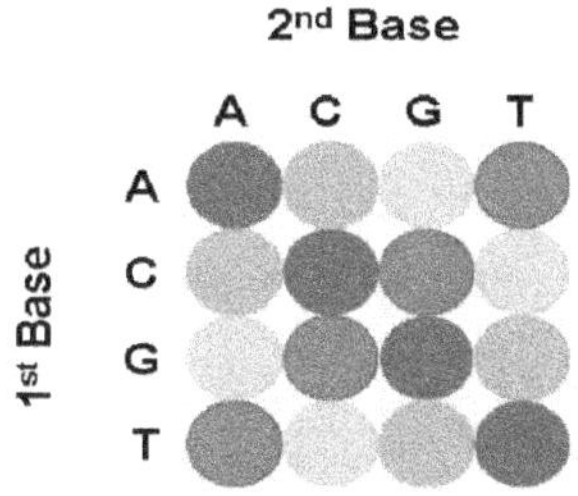

Figure 19. Encodage des sondes de séquençage dans la méthode SOLiD™ [47]

Ainsi, lorsqu'un oligonucléotide s'hybride à la matrice (fragments d'ADN) immédiatement après l'amorce de séquençage celui-ci est lié à l'aide d'une ligase ADN T4. Après élimination des sondes non hybridées le signal fluorescent est enregistré et permet d'identifier le premier couple de bases en position 1 et 2 de la séquence à étudier. L'oligonucélotide est ensuite clivé après la base 5 libérant le fluorophore et permettant une nouvelle ligation. Ces étapes sont alors répétées pour couvrir le reste du fragment d'ADN.

Du fait des bases résiduelles de la sonde (3 à 5) il est nécessaire de réaliser des étapes supplémentaires pour identifier l'intégralité des bases. Ainsi, le brin précédemment assemblé est déshybridé puis éliminé par lavage et un nouveau cycle d'hybridation/ligation peut prendre place. Cette fois ci l'amorce de séquençage utilisée est plus courte d'une base en 5' (n-1). Une fois l'extension achevée un autre cycle prend place avec une amorce n-2, puis une n-3 et enfin une n-4 pour couvrir l'intégralité des bases la séquence.[45](Figure 20)

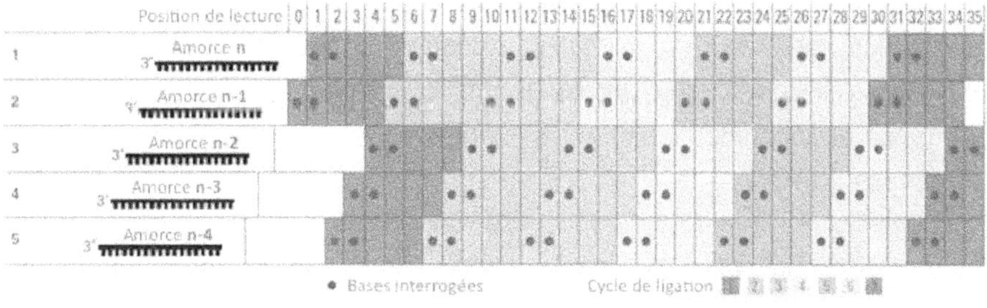

Figure 20. Cycles de séquençage par la méthode SOLiD™ (Appliedbiosystems.com©)

Par cette méthode, toutes les bases sont déterminées à 2 reprises par différentes sondes pouvant ainsi potentiellement minimiser les erreurs de séquençage. A l'heure actuelle les dernières avancées techniques de ce système permettent une longueur de lecture de 60-75pb pour un débit d'environ 10-15Gb par 24h. Bien que son débit et sa longueur de lecture sont inférieurs à ceux obtenus par la technologie Illumina il faut noter que son coût par base est bien inférieur permettant de passer d'une 10aine de millions de dollars (2006) par génome à environ 1 million (2008) [48][43], ouvrant ainsi un peu plus les portes vers un « genome personnel ». Mais malgré cette diminution, ces tarifs sont encore loin d'être exploitable en routine. C'est pourquoi, de nouvelles avancées techniques, les « séquenceurs de 3ème génération », visant rendre accessible le séquençage du génome on vu le jour récemment.

3.2.3 Technologies de séquençage de 3ème génération

Toutes les méthodes précédemment décrites impliquent l'amplification des fragments d'ADN par PCR. Cette étape est nécessaire pour obtenir un signal suffisamment important afin d'identifier les bases constituantes de la séquence. Mais bien que la PCR ait révolutionné l'analyse ADN, dans certains cas elle peut être source d'erreurs, notamment en introduisant des erreurs ou en favorisant certaines séquences, changeant de ce fait la fréquence d'apparition des fragments existants avant amplification.

Si le séquençage était réalisé directement sur une molécule d'ADN unique sans avoir à utiliser de PCR la miniaturisation des réactions et la réduction de la quantité de réactifs permettraient de diminuer les coûts de la méthode. Il serait alors nécessaire d'utiliser un détecteur extrêmement sensible capable d'identifier le signal issu d'une seule molécule marquante. Ainsi, au cours de la dernière décennie, plusieurs systèmes utilisant cette approche ont été envisagés. [49]

- *Technologie HeliScope™*

L'une des premières technologies permettant le séquençage à partir d'une molécule d'ADN non amplifiée a été commercialisée par Helicos Biosciences

en 2007. Cette avancée, appelée tSMS pour « true single molecule sequencing » est basée sur l'utilisation de nucléotides greffés avec une molécule ayant une fluorescence élevée. La méthode repose sur le même principe que celle d'Illumina, en effet, ici aussi les molécules fluorescentes agissent comme des terminateurs réversibles.
En pratique, des extrémités poly-ATP sont ajoutées aux fragments d'ADN permettant leur fixation sur une plaque recouverte de sondes poly-TTP. Des milliards de fragments sont ainsi liés aléatoirement et peuvent être séquencés par la synthèse de leur brin complémentaire. A chaque cycle, un nucléotide fluorescent défini (le fluorophore étant le même pour les 4 bases) est ajouté, l'excès est éliminé par lavage et une image est enregistrée permettant de localiser l'intégration du nucléotide, puis l'étiquette fluorescente est éliminée autorisant un nouveau cycle d'extension. [45]

Lorsque ce système a été utilisé pour la première fois pour séquencer un génome (celui du phage M13 en 2008) des limitations technologiques sont apparues. En effet, le taux d'erreurs de cette nouvelle technologie est bien plus important que dans le cas des approches plus anciennes. De plus, dans certaines régions homopolymériques de l'ADN (succession d'un même nucléotide), l'incorporation de multiples nucléotides marqués pouvaient aboutir à une diminution du signal, parfois en dessous du niveau de détection, aboutissant à des délétions. Néanmoins, Helicos a depuis perfectionné sa technologie (en 2009) permettant un séquençage plus précis notamment au sein de ces régions répétées. [50] A l'heure actuelle, le séquenceur Heliscope™ est capable de générer des lectures jusqu'à 55pb de long pour un débit d'environ 30Gb par cycle de séquençage standard de 8jours.

- *Technologie SMRT (Pacific Biosciences)*

La technologie SMRT pour « Single Molecule Real Time » est une autre méthode, mise au point par Pacific Biosciences, permettant le séquençage d'une molécule d'ADN sans amplification. Commercialisée depuis peu (2011), elle permet la détection des nucléotides lors de la synthèse en temps réel sans interruption du processus.

Concrètement, ce système utilise une ADN polymérase fixée au fond de milliers de puits (de quelques nm de large) disposés sur une puce. Ces puits, appelés ZMWs pour « zero-mode waveguides », servent de réacteurs pour le séquençage et ont comme propriété de guider l'énergie lumineuse dans un très petit volume dont les dimensions sont plus petites que la longueur d'onde utilisée. Cette technologie permet d'obtenir une haute sensibilité dans une zone délimitée tout en ayant un bruit de fond minimum. Ainsi, lors de la l'étape de séquençage un fragment d'ADN hybridé à une amorce sert de matrice pour l'incorporation de nucléotides hexaphosphates marqués par des fluorophores (différents pour chaque nucléotide). Ces derniers, du fait du positionnement de la molécule fluorescente sur la partie hexaphosphate, ne sont pas terminateurs et l'incorporation au niveau du site actif de la polymérase dure environ une milliseconde permettant la détection par fluorescence du nucléotide utilisé. Lors de la liaison d'une base à la séquence en cours de synthèse, la partie phosphatée est clivée permettant la libération du fluorophore, annulant le signal et permettant une nouvelle incorporation. [50][49][45](Figure 21)

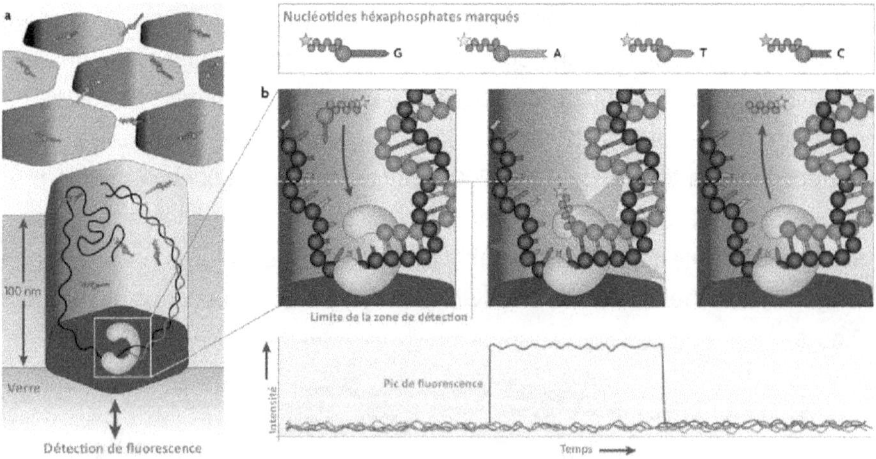

Figure 21. Technologie SMRT a) ADN polymérase fixée au fond d'un puit de réaction b) Réaction de séquençage : Incorporation des nucléotides héxaphosphates marqués et détection du signal de fluoresence [50]

Contrairement à la technologie tSMS de Helicos Biosciences cette approche permet des longueurs de lecture bien plus importantes de l'ordre du kilobase tout en permettant la lecture de 3 à 5 nucléotides par seconde par puit. Ces spécificités permettent un très haut débit, Pacific Biosciences promet jusqu'à 100Gb par heure, tout en facilitant la reconstruction et la cartographie bioinformatique.[49] Cette méthode souffre néanmoins d'un fort taux d'erreurs qui peuvent être atténuées en réalisant un séquençage multi-passes (reséquençage du même fragment plusieurs fois) permettant d'obtenir une précision de 99 % pour une mesure en 5 passes.[51]. De telles capacités devraient pouvoir permettre le séquençage du génome humain avec une couverture de plusieurs fois en un seul cycle de séquençage de quelques heures.

3.2.4 Futur et objectifs

D'autres compagnies se sont penchées sur l'élaboration de nouvelles technologies de séquençage en vue de proposer un séquençage fiable, rapide, et à moindre coût. Ces solutions ne sont pas encore au stade de la commercialisation mais s'en approchent à grand pas. Deux d'entre elles semblent définir au mieux l'avenir du séquençage à haut débit. En effet ces dernières s'affranchissent d'une détection optique et également d'une modification des composants naturels d'une synthèse d'ADN (polymérase et nucléotides) limitant ainsi la génération d'erreurs potentielles dues à ces manipulations. Nous évoquerons dans ce paragraphe ces avancées technologiques majeures, puis nous discuterons des perspectives offertes par toutes ces nouvelles techniques de séquençage.

- *Technologie Oxford Nanopore*

Les avancées dans le domaine de nano-technologies ont permis au docteurs Gordon Sanghera et Spike Willcocks ainsi que le professeur Hagan Bayley de l'université d'Oxford de fonder « Oxford Nanopore® ». Forts de leur expérience en biologie et en électronique ils se sont fixés comme objectif de commercialiser une nouvelle méthode révolutionnaire de séquençage ADN basée sur l'utilisation de nanopores.

Un nanopore peut être défini essentiellement comme étant un « trou » à l'échelle du nanomètre qui peut être biologique (une protéine au sein d'une membrane), synthétique ou encore un hybride. [52][53]

Ainsi, contrairement aux autres techniques, séquencer une molécule d'ADN en utilisant un nanopore pour la détection ne demande aucun marquage des nucléotides ni de détecteur optique. Cette méthode repose sur la modulation du courant ionique lorsqu'une molécule d'ADN traverse le pore, révélant ainsi ses caractéristiques (Figure 22). Dans le cadre d'un séquençage, deux approches sont possibles. D'un coté l'approche « séquençage par brin » qui consiste à coupler un brin d'ADN intact à une enzyme qui va faire passer l'ADN à travers le pore. De l'autre une méthode impliquant un clivage des nucléotides par une exonucléase. Dans les deux cas, une mesure du courant ionique lorsque le nucléotide ou le brin d'ADN passe le nanopore nous renseigne sur sa nature. En effet, le temps que met un nucléotide à traverser le pore est caractéristique de chaque base permettant ainsi une détermination de la séquence. Mais bien qu'il s'agisse d'une avancée majeure elle nécessite encore des ajustements visant notamment à obtenir une meilleure résolution. [49]Néanmoins en février 2012, la compagnie a présenté les premières données entièrement séquencées par cette méthode permettant des longueurs de lecture de 10kb. Ils espèrent ainsi mettre sur le marché leur premier système de séquençage par nanopores courant 2012.[52]

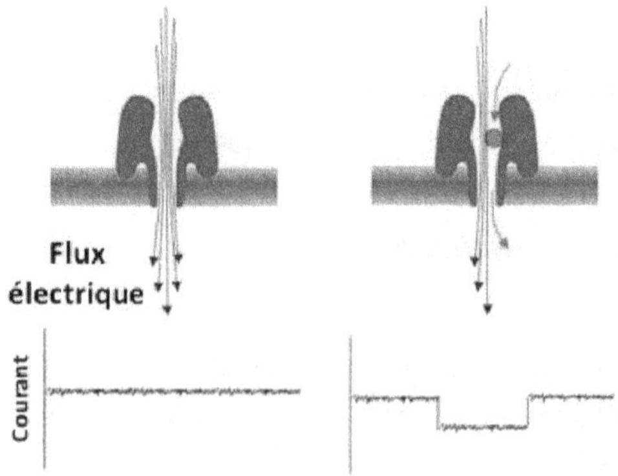

Figure 22. Schéma général d'un détecteur basé sur l'utilisation de nanopores.[53]

* *Technologie IonTorrent®*

L'absence de détecteurs optiques sophistiqués permet de simplifier et de réduire les coûts d'un séquençage. C'est cette piste qu'a également choisi de suivre l'équipe de Jonathan M. Rothberg fondateur de la société IonTorrent. Leur approche consiste à utiliser des semi-conduteurs pour détecter l'intégration d'un nucléotide. Cette technologie récemment acquise par Life Technologies commence tout juste à être commercialisée et entends bien révolutionner la génomique personnalisée.

Tout repose sur un processus biochimique bien connu, à savoir que lorsqu'un nucléotide est incorporé à un brin d'ADN par une polymérase il y a libération d'un ion hydrogène. C'est ce dernier, qui sert alors de signal d'incorporation. En pratique, une puce contenant des milliers de puits à l'échelle du micromètre servent de réacteur pour la réaction biochimique d'élongation d'un brin d'ADN. Sous ces puits se trouve une couche sensible aux variations ioniques et sous cette dernière un détecteur spécialement développé permet la transcription de ce signal chimique en signal digital. Par exemple, lors de l'ajout d'un nucléotide, si celui ci est incorporé il va y avoir libération d'un ion Hydrogène. La charge de cet ion va alors changer le pH de la solution et cette variation pourra directement être observée par le détection ionique sans recours à une caméra ou un autre système optique. Ainsi, les différentes bases sont ajoutées de manière cyclique et la séquence finale peut être déterminée.[54] (Figure 23)

Le premier système Ion Torrent disponible commercialement (PGM™ par life technologies) permet à l'heure actuelle des longueurs de lecture de l'ordre de 100pb pour une quantité de données d'environ 1Gb en 2h. Et outre les coûts de séquençage très bas du fait du faible emploi de réactifs, le prix d'acquisition est prêt de dix fois inférieur aux autres solutions.

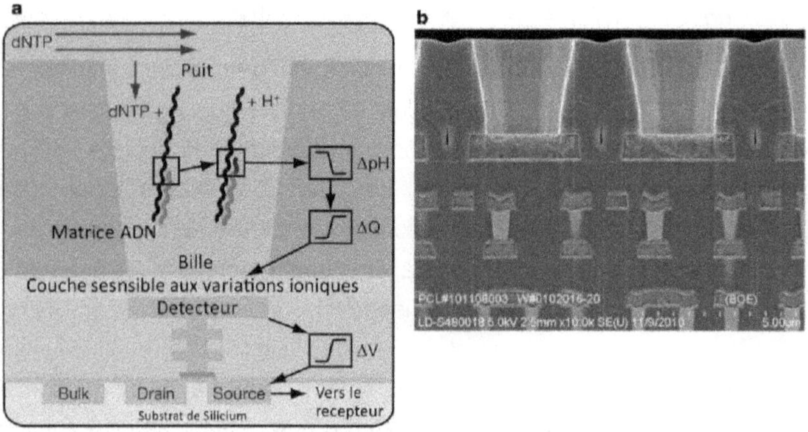

Figure 23. a) Représentation schématique de la technologie IonTorrent b) Coupe observée au microscope électronique [54]

- *Perspectives et nouveaux challenges*

Dans l'optique d'aboutir à de la génomique personnalisée et de faciliter l'étude du génome, le grand challenge de ces dernières années a été de réduire les coûts et le temps liés à une telle opération. Comme exposé précédemment de nombreuses technologies se sont développées autour de ces impératifs. Ainsi, au cours de ces 10 dernières années le coût d'un séquençage du génome humain est passé de 95 millions de dollars en 2001 à moins de 8 000 dollars en janvier 2012[48] (Figure 24). Le but symbolique, de 1 000$ que se sont fixés les chercheurs est en passe de devenir une réalité. Pour être tout à fait exact, cela serait même envisageable d'ici la fin 2012. En effet, Life technologies détenteurs de la technologie Ion Torrent ont annoncé le 10 janvier 2012 lors d'une conférence à San Francisco que leur nouveau système « Ion Proton™ » serait capable de séquencer un génome humain pour 1000$ en un seul jour avec un recouvrement du génome de 20 fois.[55]

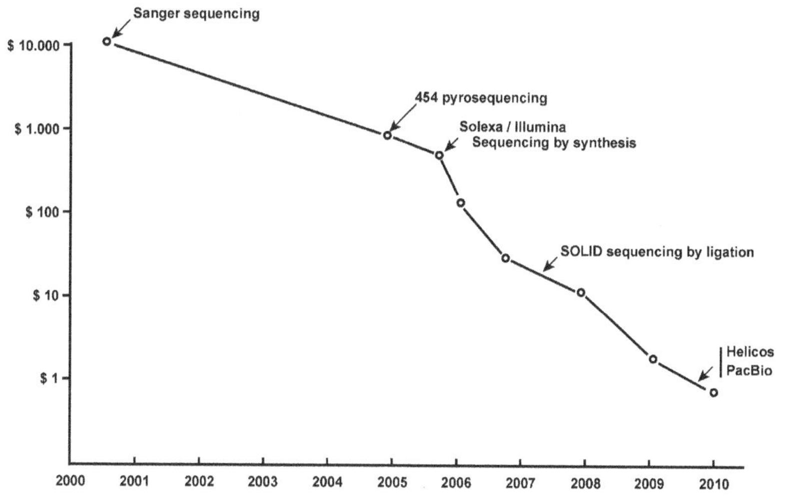

Figure 24. Estimation de l'évolution des coûts de séquençage par méga-bases sur les 10 dernières années (échelle logarithmique).[45]

Outre ces avancées non négligeables, les nouvelles technologies de séquençage de deuxième, et d'autant plus de 3ème génération (Tableau 3), ont permit grâce à leur très haut débit et leur sensibilité (séquençage possible sur une seule molécule d'ADN) d'ouvrir de nouveaux horizons sur le plan médical. En effet, grâce à elles il a été possible de détecter des variations rares et d'étudier plus facilement des maladies complexes. Mais également d'envisager, bien que ce soit coûteux, un reséquençage « de novo » du génome humain ainsi que bien d'autres application (par exemple : séquençage ARN) nous permettant une meilleure compréhension de notre génome.[49]

Plateforme	Matrices / Préparation	Méthode	Longueur de lecture (max)	Débit (max)	Durée d'opération	Coûts d'acquisition	Coûts par Mb	Commentaires
Roche 454 GS FLX™	Fragmentation PCR en émulsion	Pyroséquençage	1000pb	700Mb	23h	500 000$	~85$	Grandes longueurs de lecture facilitant la reconstruction, mais coûts élevés.
Illumina-Solexa HiSeq 2500™	Fragmentation « Bridge PCR »	Terminateurs Réversibles	100pb	120Gb 600Gb	27h 11j	400 000$	~6$	Plateforme la plus utilisée à l'heure actuelle.
ABI SOLiD 5500™	Fragmentation PCR en émulsion	Ligation - Sondes d'oligonucléotides	75pb	15Gb/j	Plusieurs jours*	500 000$	~6$	Correction d'erreurs par double lecture de chaque base mais souffre d'un temps d'opération relativement long
Helicos Biosciences HeliScope	Fragmentation Sans amplification	Terminateurs Réversibles	55pb	30Gb	8j	999 000$	~1$	Absence d'erreurs induites par une PCR mais une fidélité inférieure aux autres solutions
Pacific Biosciences PacBio RS™	Fragmentation Sans amplification	Temps réel	>1000pb	100Gb/h*	ND	ND	~1$	Longeurs de lecture importantes et absence d'erreurs induites par une PCR. Mais une fidélité inférieure aux autres solutions
Oxford Nanopore	ND	Nanopores	>10kb*	ND	ND	ND	<1$	La suppression de la détection optique et les importantes longueurs de lecture en fait une technologie à fort potentiel
Life Technologies IonTorrent™	Fragmentation PCR	Semi-conducteurs	100pb	1Gb à venir : 10Gb	2h	50 000$	<1$	Première technologie à promettre d'ici courant 2012, un séquençage du génome humain pour moins de 1000$

Tableau 3. Récapitulatif des solutions de séquençage de 2ème et 3ème génération - ND : Non disponible - * Informations insuffisantes [49][50][43]

Mais bien qu'avantageuses, ces nouvelles approches soulèvent également de nouveaux challenges. La plupart de ces technologies offrent des longueurs de lecture courtes de l'ordre de la 100aine de paires de bases ce qui rends compliqué leur assemblage notamment dans les régions répétées du génome. Ceci limitant leur usage à un re-séquençage ou à un alignement par rapport à un génome de référence. Néanmoins, certaines compagnies ont su développer au fil du temps des algorithmes facilitant l'assemblage de petit fragments.

Un autre aspect de ces nouveaux séquenceurs est à prendre en compte, leur taux d'erreurs. La méthode Sanger est toujours considérée comme méthode de référence en terme de précision dû à la très grande fidélité de l'ADN polymérase issue de E. Coli. Les erreurs induites par les nouvelles technologies se traduisent souvent par une difficulté à lire des régions homopolymériques. Parfois même, une erreur ponctuelle due à l'intégration d'un nucléotide inexact peut être observée. Enfin, les systèmes de détection optiques peuvent engendrer des erreurs de lecture (signal trop faible, bruit de fond...etc).
Mais fort heureusement, ces problèmes peuvent être contournés par la possibilité qu'offre la technologie de séquencer plusieurs fois le même fragment dans un temps acceptable. De plus, les dernières avancées (IonTorrent, Nanopore) s'affranchissent d'un grand nombre de sources d'erreurs potentielles.

Pour finir, un autre challenge commence à émerger, celui de la bioinformatique. En effet, avec un accès de plus en plus facilité au séquençage la quantité de données tend à saturer les structures de stockage et de traitement actuel.

3.3 Bioinformatique : Nouveaux défis

La bioinformatique peut être définie comme l'application des technologies informatiques et de l'information au monde de la biologie et de la médecine. Elle s'intéresse ainsi, au stockage, au classement, à l'analyse et à l'interprétation des données biologiques. De nombreux domaines sont concernés, parmi eux l'analyse de séquences ADN. Avec l'avènement du séquençage à haut-débit de nouveaux challenges se posent à nous pour pouvoir prétendre un jour à une médecine personnalisée.

- *Historique : Banques de données*

La première étape de la bioinformatique a été de stocker et d'organiser les données. C'est ainsi que les premières banques informatisées de données de séquences biologiques ont été développées dans les années 1980. Depuis, plusieurs initiatives, européenne [EMBL] (1992), américaine [GenBank] (1988), ou japonaise [DDBJ] (1986) ont émergé de manière parallèle, pour collecter l'ensemble des séquences ADN publiées. Depuis 1998, ces trois organisations ont passé des accords d'échanges mutuels de données, ce qui a pour résultat que tout nouvelle séquence incluse dans une banque est automatiquement intégrée dans les 3 autres.

Néanmoins ces bases souffrent de leur grande généralité. La redondance de certains fragments de séquence et les annotation liées aux séquences qui sont parfois peu précises et non normalisées entrainent une recherche d'information parfois difficile. C'est pourquoi au cours de la dernière décennie on a vu apparaître des banques de données spécialisées comme ENSEMBL (1999) qui donne accès à une base de donnée des génomes ainsi qu'à des outils d'annotation, de visualisation, et de comparaison.

- *Nouveaux challenges : stockage et traitement des données*

L'utilisation grandissante et la chute progressive des coûts des nouvelles technologies de séquençage impliquent la nécessité de développer de nouvelles solutions et algorithmes informatiques.

En effet étant donné l'énorme quantité de données produites par ces nouvelles plateformes (plusieurs Gigabases par jour), la demande en capacité de stockage et d'outils d'analyse se fait de plus en plus forte. Là ou il y a quelques années c'était la technologie de séquençage qui était le frein à la collecte d'informations nous sommes maintenant contraint de faire évoluer nos systèmes informatiques pour pouvoir suivre « le rythme ».

Parmi les nouveaux challenges de la bioinformatique, le premier d'entre eux est la capacité à stocker les informations. Pour tenter de limiter ce problème une solution réside dans la compression des données. Les informations de séquence sont historiquement stockées sur forme de fichier texte et referme la séquence lisible ainsi que des annotations (format FASTA). De nouveaux formats de fichiers ont été développés pour répondre spécifiquement aux besoins d'un séquençage génomique à grande échelle. Les formats SAM pour « Sequence Alignment/Map » et BAM pour « Binary Alignment/Map », ce dernier étant une version compressée du SAM, sont des fichiers contenant non plus une séquence mais un alignement de séquences par rapport à une référence. Ils facilitent ainsi la manipulation d'un grand nombre de données. [56][57]

Cependant, la quantité d'informations pose également des problèmes de traitement. La puissance de calcul de nos ordinateurs n'est plus suffisante pour une application à l'échelle du génome, il faudrait par exemple 13 jours sans interruption à nos ordinateurs pour réaliser un recouvrement de 30X du génome humain. Pour palier à cette demande phénoménale de calcul il est nécessaire d'utiliser des solutions de « cloud-computing » (Figure 25) c'est à dire l'utilisation de plusieurs ordinateurs qui partagent leurs ressources pour réaliser une tâche plus rapidement. Le résultat final étant consultable sur un terminal mis en réseau (internet ou réseau local). [58][3]

Figure 25. Illustration du "cloud-computing"

- *Nouveaux challenges : validation et exploitation des données*

Compte tenu du taux d'erreurs des nouvelles technologies de séquençage la découverte de nouvelles variations pose problème. En effet, lorsqu'un nouveau variant de type SNP est identifié, il est nécessaire de vérifier qu'il ne s'agit pas d'un faux-positif. De plus, les autres variations (INDEL, CNV, SVs) sont d'autant plus difficiles à détecter en utilisant les nouvelles plateformes de séquençage à cause de leur faible longueur de lecture. Et bien qu'il soit possible de valider ces variations en utilisant des technologies de génotypage SNP ou un reséquençage complet, le coût et le temps nécessaire pour une telle opération est souvent dissuasif. De nouveaux algorithmes de détection de ces variations vont ainsi être indispensables pour pouvoir utiliser ces informations sur le plan clinique.

Vient ensuite l'interprétation de ces nouvelles données, à l'heure actuelle il existe des bases de données recensant l'impact de ces variations sur le plan biologique et pharmacologique. On peut citer notamment la base de donnée OMIM (Online Mendelian Inheritance in Man) qui recense des SNP en lien avec des déséquilibres monogéniques (connus pour être liées à un seul gène) ou encore PharmGKB qui présente les relations connues entre gène et pharmacologie ainsi que l'impact des variants du gène. Mais bien que l'effort mérite d'être salué, ces informations sont loin d'être complètes et pour ne citer que les variations ponctuelles de type SNP, nombreuses sont celles dont l'impact biologique n'est pas répertorié.

Pour tenter d'atténuer ces limitations, plusieurs méthodes informatiques de prédiction de l'impact des variations ont été mises au point ces dernières années. Ces algorithmes sont généralement basés sur la structure des protéines résultant des gènes variant ainsi que leur composition en aminoacides tout en prenant en compte les informations liées à l'évolution (une variation d'aminoacide dans une région conservée impacte généralement la fonction de la protéine). Néanmoins, de telles méthodes prédictives ne permettent pas d'apprécier la physiopathologie liée à ces variations. Il reste donc nécessaire de coupler prédictions et tests expérimentaux. D'autre part, ces algorithmes sont pour le moment limités à l'étude de SNP induisant un changement dans la séquence d'aminoacides, il semble donc nécessaire de les perfectionner afin d'évaluer l'impact de toutes les variations (insertions délétions etc...) et ce à la fois dans les régions codantes et non-codantes.[3]

Enfin, pour finir, le dernier challenge et non des moindres est celui d'intégrer efficacement toutes ces données pour améliorer la prise en charge des patients. Beaucoup de travail reste à faire pour passer de la théorie à l'application clinique. Dans le cadre d'une approche pharmacogénomique il va falloir réussi à transcrire et à valider, à l'aide d'algorithmes et d'essais cliniques, les relations entre variations génétiques et dosage ou efficacité. Et c'est sans compter la nécessité de formation du personnel médical pour prendre en compte ces nouvelles informations.

4 Application aux essais cliniques

Depuis le séquençage du génome Humain en 2003 la recherche a fait de grandes avancées dans le domaine. Que se soit d'un point de vue technologique, en recherche fondamentale, ou en analyse et compilation des données, ces dernières années nous ont permis d'appréhender notre génome avec bien plus de facilités. On peut ainsi observer un nombre croissant d'études médicales se portant sur ces technologies. Nous verrons dans cette partie dans un premier temps des généralités concernant les essais cliniques et leur mise en place. Deuxièmement, nous nous pencherons sur l'état actuel de la recherche clinique incluant des technologies de génotypage. Troisièmement, nous analyserons l'impact potentiel d'un génotypage systématique dans le cadre des essais cliniques. Et enfin nous discuterons des limites potentielles de cette approche.

4.1 Généralités : Essais Cliniques

On peut noter 2 grands types d'études cliniques. D'une part les études observationnelles qui consiste à étudier un groupe de patients spécifique dans le but de collecter des informations sur leur condition. D'autre part les études expérimentales, qui sont communément appelés essais cliniques. Ils peuvent être définis comme un panel de procédures ayant pour but de collecter des informations en vue d'assurer l'innocuité et l'efficacité de solutions médicales (Médicaments, Diagnostiques, Protocoles thérapeutiques...etc.) chez l'être humain. Ils ne peuvent avoir lieu qu'en présence de données satisfaisantes issues des études pré-cliniques, in-vitro et sur des animaux, et après approbation des autorités de santé en vigueur dans le pays dans lequel ont lieu ces essais.

4.1.1 Déroulement des essais cliniques

Le développement clinique d'un nouveau médicament pour une indication thérapeutique donnée se déroule le plus souvent en quatre « phases »[59]. Chaque « phase » peut comporter plusieurs essais. (Figure 26)

- *Phase I*

Lors de la phase 1, les essais sont réalisés chez le volontaire sain. Cependant, dans le cas d'impasses thérapeutiques, le traitement expérimental étant la seule chance de survie du patient, ce dernier peut être inclus dans cette phase. Les groupes étudiés sont le plus souvent de petite taille (20 à 80 participants). Réalisées en milieu hospitalier, ces études ont deux objectifs majeurs :

Premièrement, il s'agit de s'assurer que les résultats concernant la toxicité obtenus lors du développement pré-clinique, sont comparables à ceux obtenus chez l'homme. Cela permet de déterminer quelle est la dose maximale du médicament en développement tolérée chez l'homme.

Deuxièmement, il s'agit de mesurer, via des études de pharmacocinétique, le devenir du médicament au sein de l'organisme en fonction de son mode d'administration (absorption, diffusion, métabolisme et excrétion).

Ces essais sont dits « ouverts », car l'expérimentateur et le volontaire connaissent la substance, et « non-contrôlés » car l'étude n'est pas réalisée par rapport à un groupe témoin non traité.

- *Phase II*

Les essais de phase II ont pour objectifs de détecter un effet thérapeutique chez les malades et de définir la posologie optimale du produit en terme d'efficacité et de tolérance. Il s'agit d'un essai « ouvert » sur une population limitée et homogène de patients malades (quelques centaines) présentant un symptôme bien défini. Les interactions médicamenteuses ainsi que la pharmacocinétique font parfois l'objet d'études dès cette phase.

- *Phase III*

Ces essais, de plus grande envergure, sont conduits sur plusieurs milliers de patients représentatifs de la population de malades à laquelle le traitement est destiné. Il s'agit d'essais comparatifs, dits « contrôlés », au cours desquels le médicament en développement est comparé à un traitement efficace déjà commercialisé ou, dans certains cas, à un placebo, c'est-à-dire un traitement sans activité pharmacologique.

Cette comparaison se fait, le plus souvent, en « double aveugle » et avec tirage au sort (randomisé), c'est-à-dire que les traitements sont attribués de manière aléatoire sans que le patient et le médecin chargé du suivi soient informés de quelle attribution ils ont fait l'objet. Ces essais visent à démontrer l'intérêt thérapeutique du médicament et à en évaluer son rapport bénéfice/risque.

C'est à l'issue de la phase III que les résultats peuvent être soumis aux autorités de santé en vigueur dans le pays de l'étude. Par exemple, l'Autorité Européenne de Santé (EMEA) pour l'obtention de l'autorisation de commercialisation appelée AMM (Autorisation de Mise sur le Marché).

- *Phase IV*

Les essais de phase IV sont réalisés une fois le médicament commercialisé, sur un nombre de patients souvent très important (jusqu'à plusieurs dizaines de milliers de personnes). Ils permettent d'approfondir la connaissance du médicament dans les conditions réelles d'utilisation et d'évaluer à grande échelle sa tolérance.
La pharmacovigilance permet ainsi de détecter des effets indésirables très rares qui n'ont pu être mis en évidence lors des autres phases d'essai.

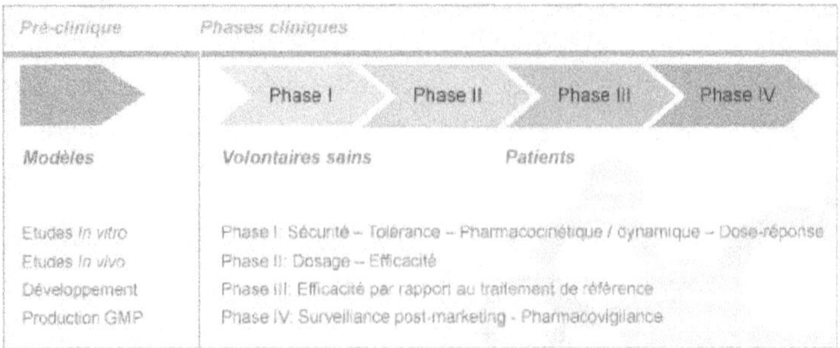

Figure 26. Déroulement des phases durant les essais cliniques.

4.2 Implications cliniques des connaissances génomiques

Durant les 15 dernières années, le développement et la commercialisation de nouvelles molécules thérapeutiques, sont devenus de plus en plus coûteux avec une chance de succès de plus en plus faible. C'est pourquoi, en 2004, la FDA (US Food and Drug Administration) a lancé le programme CPI (Critical Path Initiative) afin d'encourager de nouvelles approches telle que la pharmacogénomique. Depuis, le monde médical a reconnu l'importance des informations génétiques comme moyen d'améliorer la prise de décisions thérapeutiques.

4.2.1 Traitements associés à un génotype : Où en sommes nous ?

Les récentes avancées dans les technologies de séquençage à haut débit ont permis l'identification de nombreuses variations génétiques associés à l'absorption, la distribution, le métabolisme, l'excrétion, et la cible des médicaments. Cette explosion de données se traduit par de nouveaux défis concernant la mise en relation du génotype et du phénotype d'un individu, sans oublier la relation complexe entre les différents gênes et leurs possibles polymorphismes.

Ainsi, le projet PharmGKB (Pharmacogenomics knowledge-base) a pour but de collecter et d'annoter les différentes informations (publications scientifiques) concernant les liens entre polymorphismes et drogues ou maladies. Mais malgré la publication croissante d'informations dans ce domaine (Figure 27), peu de ces informations sont, pour le moment, utilisées en pratique.

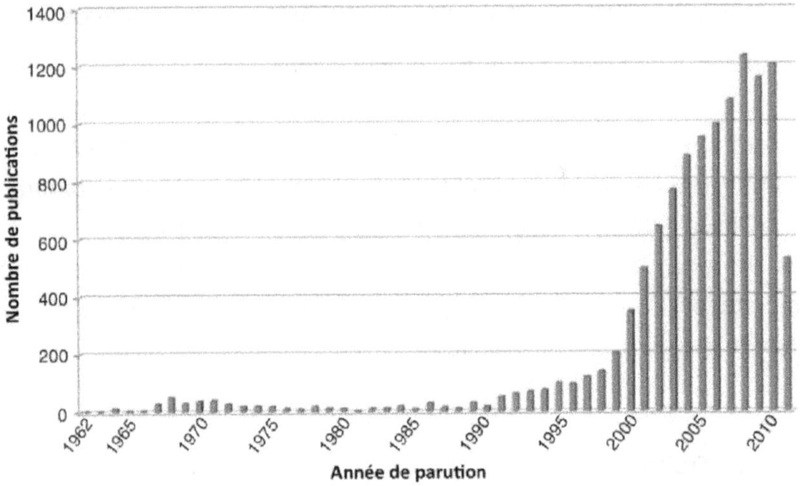

Figure 27. Nombre de publications traitant de Pharmacogénétique/Pharmacogénomique publiées sur PubMed jusqu'à mi-2010.[2]

4.2.1.1 Cancérologie

Un domaine thérapeutique a néanmoins su tirer profit, plus largement, de ces avancées scientifiques. En effet de nombreuses études de cancérologie on vu le jour afin de rechercher des caractéristiques (biomarqueurs) au sein du génome cancéreux. Ces biomarqueurs pouvant alors être utilisés soit comme élément prédictif pour définir l'efficacité de tel ou tel traitement, ou comme élément pronostique pour évaluer l'évolution probable des patients traités ou non.[60]

C'est ainsi que se sont développés des tests génétiques pour certains traitements anti-cancéreux. Par exemple dans le cas du cancer du sein, un test d'amplification du gène HER2 permet de valider ou non l'utilisation d'un traitement à base de Trastuzumab, un anticorps dirigé vers le récepteur HER2.

Un autre exemple encore, celui d'un anticorps anti-EGFR utilisé dans le cadre d'un traitement du cancer colorectal avancé qui est inefficace chez les patients présentant une mutation du gène KRAS. En effet après une analyse des données issue de multiples essais cliniques, l'ASCO

(American Society of Clinical Oncology) à indiqué que l'utilisation d'un test pour les mutations du gène concerné pourrait aider à mieux orienter le traitement des patients et faire économiser jusqu'à 600 million de dollars par an et ce aux Etats-Unis uniquement. [61][62]

4.2.1.2 Autres Domaines

Mis à part le cancer qui bénéficie de nombreuses initiatives de recherche, d'autres secteurs de la médecine ont également su exploiter ces nouvelles approches génétiques (Tableau 4). C'est notamment grâce à la large étude des polymorphismes des cytochromes P450 (CYP450). Cette famille d'enzymes, impliquée dans la métabolisation des composés, est en effet responsable de nombreuses différences de réaction à un traitement chez les individus. [7][7]

Parmi les exemples les plus marquants, c'est en 2009 que l'IWPC (International Warfarin Pharmacogenetics Consortium) a publié une étude menée sur 4000 patients visant a définir les doses de Warfarin® (Anticoagulant) nécessaires au traitement d'un patient en fonction des variations de leurs gènes CYP2C9 et VKORC1. Cette classe d'anticoagulant est en effet particulièrement difficile à doser pouvant entrainer des risques de surdosage aboutissant à des situations à risque (hémoragies). Les résultats de cette étude ont montré qu'un algorithme basé sur les données pharmacogénétiques était plus précis pour prédire la dose thérapeutique nécessaire qu'une approche clinique standard. [63]

Cependant, malgré la pertinence des informations, la prescription de Warfarin® guidée par génotypage n'est pas remboursée (aux Etats-Unis) et n'a pas été recommandée dans les méthodes cliniques à adopter. Pour aider à l'implémentation de cette méthode, il y a au moins 5 études cliniques en cours de réalisation afin de valider l'impact d'une telle approche.[2]

Organe ou Système impliqué	Gène/Allèle associée	Traitement impacté / Effet
Système sanguin		
Globules rouges	G6PD	Primaquine
Neutrophiles	TPMT*2	Neutropénie induite : Azathioprine/6MP
	UGT1A1*28	Neutropénie induite : Irintotecan
Plaquettes	CYP2C19*2	Thrombose sur Stent
Coagulation	CYP2C9*2, *3, VKORC1	Dosage Warfarin®
Système nerveux		
Dépression du SNC	CYP2D6*N	Codéïne :Sédation/Dépression respiratoire
Anesthésie	Butyrylcholinesterase	Apnée prolongée
Nerfs périphériques	NAT-2	Neuropathie périphérique induite par l'Isoniazide
Hypersensibilité	HLA-B*5701	Hypersensibilité à l'Abacavir
	HLA-B*1502	Carbamazepine : syndrome de Stevens Johnson
	HLA-A*3101	Carbamazepine : Hypersensibilité
	HLA-B*5801	Allopurinol : Réactions cutanées sévères
Atteinte médicamenteuse du foie	HLA-B*5701	Flucloxacillin
	HLA-DRB1*1501-DQB1*0602	Co-amoxiclav
		Lumiracoxib
	HLA-DRB1*1501-DQB1*0602	Ximelagatran
		Lapatinib
	HLA-DRB1*07-DQA1*02	
	HLA-DQA1*0201	
Infections		
VIH	CCR5	Efficacité du Maraviroc
Hépatite C	IL28B	Efficacité de l'Interferon-alpha
Cancers		
Cancer du sein	CYP2D6	Réponse au tamoxifen
Leucémie myéloïde chronique	BCR-ABL	Imatinib et autres inhibiteurs de tyrosine kinase
Cancer colorectal	KRAS	Efficacité du Cetuximab
Tumeurs gastro-intestinales	c-kit	Efficacité du Imatinib
Cancer du poumon	EGFR	Efficacité du Gefitinib
	EML4-ALK	Efficacité du Crizotinib
Mélanome malin	BRAF V600E	Efficacité du Vemurafenib
Muscles		
Hyperthermie	Récepteur Ryanodine	Anesthésiques généraux
Myopathie/Rhabdomyolyse	SLCO1B1	Statines

Tableau 4. Quelques-uns des marqueurs génétiques les plus étudiés pour la prédiction de la réponse aux traitements.[2]

Un autre exemple prometteur est celui de la relation entre le gène IL28B et la réponse à l'Interferon-α (INF-α) dans un cas d'Hépatite C. En effet, le traitement classique dans cette pathologie est composé d'INF-α et de Ribavarin®. Cependant, la réponse à ce dernier est variable au sein de la population. Trois GWAS (Genomic-Wide Association Studies) ont été effectuées sur des patients infectés par le virus de l'Hépatite C (HCV) et ont démontré qu'un SNP au sein du gene IL28B était associé à la réponse au traitement. Ainsi, les individus présentant un genotype CC présentent une résistance plus importante au traitement que ceux présentant un génotype CT ou TT. Depuis, le génotypage pour IL28B est utilisé dans de nombreuses cliniques et fait parti du déroulement de certains essais cliniques pour de nouveaux traitements anti-HCV. En effet, il existe au moins 12 études en cours sur l'Hépatite C incluant une analyse des SNP de IL28B.[2]

Il reste cependant beaucoup à faire pour voir se mettre en place des tests génétiques en routine dans les cliniques. De plus, la totalité de ces applications cliniques ou essais en cours se basent sur une approche de « gène candidat » ou de « profil SNP » c'est à dire qu'ils ne prennent pas en compte l'intégralité des informations du génome du patient et certaines mutations peuvent avoir été écartées.

4.2.2 Essais en cours : Séquençage Génomique.

Avec l'avènement des nouvelles technologies de séquençage et leur apport en terme de rapidité et de coûts, le séquençage génomique est appelé à devenir rapidement un acteur majeur des recherches en vue d'améliorer la médecine humaine. A l'heure actuelle la grande majorité des études cliniques incluant un séquençage sont à but observationnel, c'est à dire qu'elle visent à étudier les marqueurs génétiques dans le cadre de pathologies complexes. Les essais de traitements incluant un séquençage sont quand à eux encore rares.

4.2.2.1 Séquençage complet ou partiel.

Plusieurs approches sont envisagées lors des études incluant un séquençage. Le séquençage de l'Exome, c'est à dire uniquement des parties codantes des gènes, est le plus utilisé. En effet cette approche nécessite de séquencer seulement 5% du génome diminuant les coûts liés à la technologie. De plus, on estime que les régions codantes contiennent environ 85% des mutations responsables de pathologies.

Cette méthode a permis ainsi de révéler des mutations rares pour certaines maladies comme la maladie de Parkinson, l'autisme ou encore le cancer du sein.

Néanmoins, un séquençage exomique occulte une partie de l'information génétique. En effet, si Mardis et al, s'étaient contentés d'un séquençage des regions exoniques dans leur étude sur la leucémie myéloïde aïgue de 2009[64] ils seraient passés à coté de l'influence d'un marqueur génétique situé dans une région non-codante démontrant une forte corrélation avec la pathologie. Cet exemple souligne le bénéfice d'un séquençage complet du génome. Les limitations d'une telle approche étant souvent liés aux coûts et au temps d'analyse de telles données, mais comme nous l'avons vu précédemment (3.2 Séquençage ADN) les avancées les plus récentes commencent à lisser ces désavantages.

Enfin, une troisième approche est celle de l'étude du transcriptome. Il s'agit ici non plus d'étudier l'ADN mais les ARN du patient. Le séquençage du transcriptome est devenu une méthode de choix pour évaluer l'expression des gènes et leur variation dans le cas d'une pathologie.

4.2.2.2 Localisation des essais en cours

D'après le site internet ClinicalTrials.gov, qui récence les études cliniques conduites aux états unis et à travers le monde, on peut noter qu'en Juillet 2011 il y avait 35 études incluant un séquençage génomique (genomic sequencing) que ce soit dans le protocole de l'étude ou comme analyse complémentaire des résultats. Un an plus tard, en Juin 2012, pour la même requête, ClinicalTrials.gov rapporte 56 études. On note que la majorité des essais sont conduits aux Etats-Unis (30) suivi par l'Europe (14).[65] [66](Figure 28)

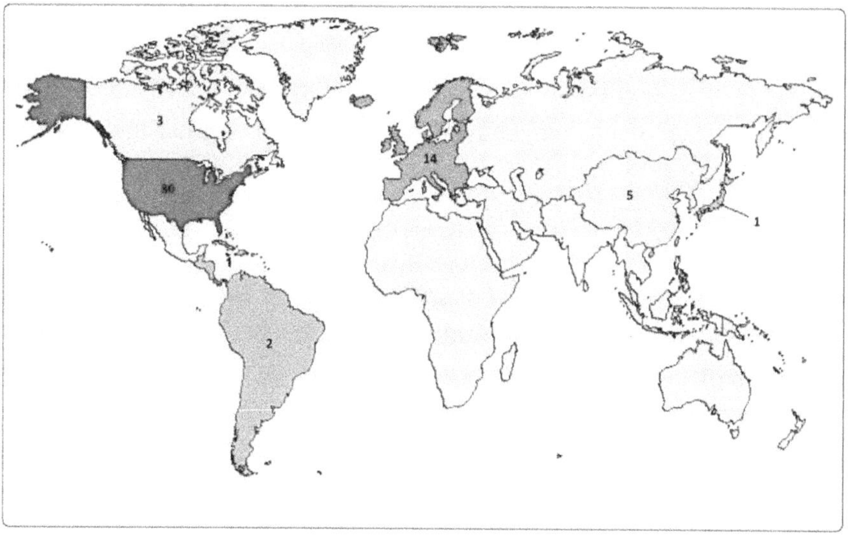

Figure 28. Répartition des essais cliniques comportant un séquençage génomique. D'après ClinicalTrials.gov (Juin 2012) (Adapté de[65])

4.2.2.3 Contenu des études

Les sujets couverts par les études en cours utilisant des technologies de séquençage peuvent se ranger dans 3 grandes catégories. En effet la majorité des études concernent les maladies liées au système cardiovasculaire, aux cancers et aux maladies immunitaires.

Une grande majorité de ces études sont observationnelles (44 des 56). Parmi elles, une étude Française (Strasbourg) portant sur l'étude de marqueurs moléculaires et métaboliques des oligodendrogliomes (Tumeurs cérébrales) a été complétée récemment avec la collecte d'échantillons tumoraux de 189 patients (adultes et enfants). Les chercheurs utiliseront ainsi ces échantillons pour identifier des marqueurs pouvant être utilisés comme signature pour différencier une tumeur bégnine d'une tumeur maligne. Le séquençage génomique de ces tumeurs sera alors corrélé aux observations cliniques des oligodendrogliomes. (Identifiant ClinicalTrial.gov : NCT00213876)

Un autre exemple d'étude observationnelle initiée par la fondation IPSEN (France) a pour objectif d'étudier la déficience en IGF-1 (Insulin-like growth factor-1) chez des enfants de petite taille n'ayant pas de cause identifiée expliquant leur condition. Les régions ADN seront ainsi identifiées puis cartographiées à haute résolution en utilisant des technologies de séquençage. (Identifiant ClinicalTrial.gov : NCT00710307)

D'un point de vue des études expérimentales, le séquençage a été utilisé comme élément secondaire d'analyse des résultats dans quelques unes récemment complétées. L'institut Claudius Regaud (Toulouse, France) a par exemple conduit une étude de l'effet du Tarceva® (Erlotinib, anti-cancéreux) sur des patients atteints de carcinome épidermoïde. Une banque de tissus a été réalisée pour l'étude des récepteurs à l'EGF (Epidermal Growth Factor) tumoraux et l'analyse de la modification *in situ* de l'expression des gènes sous l'action du médicament. (Identifiant ClinicalTrial.gov : NCT00144976).

Enfin, outre ces utilisations en génomique humaine, certaines études virologiques font usage de ces technologies. En effet, en République Dominicaine, un essai clinique de Phase III (en double aveugle contre placebo) a été complété en 2008 sur 200 enfants pour étudier la transmission, entres jumeaux d'une même famille, d'une souche de Rotavirus utilisé en vaccination (Rotarix). Le séquençage génomique est alors utilisé pour analyser les mutations dans la souche virale après transmission. (Identifiant ClinicalTrial.gov : NCT00396630)

De nombreuses autres études misent sur le séquençage, incluant des études de génome complet pour des maladies congénitales, cardiovasculaires, hématologiques et endocrinologiques. Le point commun entres ces pathologies étant le potentiel thérapeutique d'un dépistage précoce. Les avancées rapides dans le domaine des nouveaux séquenceurs à haut débit a ainsi ouvert la voie à un usage clinique du séquençage. Avec la baisse des coûts, de plus en plus d'études sont attendues dans les années à venir. [65]

4.3 Une nouvelle façon d'aborder les essais cliniques ?

Les études cliniques expérimentales classiques reposent sur le principe suivant : si nouveau traitement est plus efficace que le contrôle utilisé pour un groupe de patients, alors celui ci sera également plus efficace pour l'ensemble des patients éligibles pour ce traitement. Cette approche ne tient pas en compte du fait que l'efficacité de ce nouveau traitement peut différer pour certains patients. Nous allons voir quelles méthodes peuvent être envisagées intégrer la pharmacogénomique de manière efficace et systématique au sein des essais cliniques pour mieux caractériser les effets génétiques. Puis nous discuterons de l'impact de telles approches.

4.3.1 Méthodologie des études pharmacogénomiques

Une bonne méthodologie durant les études cliniques assure une forte probabilité d'atteindre les objectifs fixés tout en contrôlant les sources de variabilité. Dans une approche incluant la pharmacogénomique, deux principes généraux de conception d'étude peuvent être envisagés. D'une part une méthode exploratoire, dans laquelle, de nombreux gènes sont analysés à la suite d'un essai clinique classique. D'autre part une méthode de confirmation où la pharmacogénomique est en amont de l'étude.

4.3.1.1 Etudes de confirmation

Dans une approche de confirmation, le but est de confirmer une hypothèse relative à des marqueurs génétiques spécifiques. La conception (design) de ces études n'est cependant envisageable qu'en présence d'informations suffisantes concernant les marqueurs étudiés. Trois « designs » sont communément envisagés. [67][62]

Le modèle « ciblé » ou « enrichi » (Figure 29a) implique un test génétique en amont durant lequel les patients sont répartis selon leur génotype. Ceux ne présentant pas le bon marqueur sont alors exclus de l'étude. Le groupe positif est alors engagé dans une étude randomisée (traitement contre comparatif). Cette approche présente comme avantage de ne nécessiter qu'un petit groupe de patients. Néanmoins les informations relatives à l'effet potentiel du traitement sur le groupe négatif sont occultées.

Pour palier à cet inconvénient, un autre « design » peut être envisagé. Le modèle dit de « stratifié » (Figure 29b) est basé, tout comme le modèle « ciblé », sur une analyse génétique préalable permettant le regroupement des patients d'après leur génotype. Contrairement au « design » précédent celui ci n'exclu pas le groupe négatif, mais le fait intégrer l'essai en formant une étude randomisée en parallèle avec le groupe positif. Ceci permet de collecter des informations à la fois en cas de présence et d'absence du marqueur étudié. De plus, ce type de modèle permet également d'évaluer la sensibilité et la spécificité du test génétique.

Cependant ces deux modèles présentent le même inconvénient, ils ne peuvent être envisagés que pour tester une hypothèse concernant le marqueur étudié. Or, il n'est pas rare que les études soient construites pour évaluer l'impact du traitement à la fois sur une population entière et dans le cas de sous-populations.

Pour intégrer la pharmacogénomique dans de telles études l'approche la plus commune est le modèle « adaptatif » (Figure 29c). Les patients sont préalablement randomisés, la comparaison des traitements étant le but principal de l'étude. Puis si l'étude ne démontre aucune différence entre les traitements ou que les résultats sont ambigus les patients sont subdivisés en groupes basés sur leur génotype et une étude comparative du traitement est alors initiée au sein de ces groupes. Cette approche nécessite un groupe de patients plus important et la possibilité d'erreurs statistiques est plus importante. Cependant le principal intérêt de ce « design » est sa flexibilité, il permet en effet de réaliser plusieurs objectifs à la fois et peut être modifié pour inclure l'étude de plusieurs marqueurs génétiques.

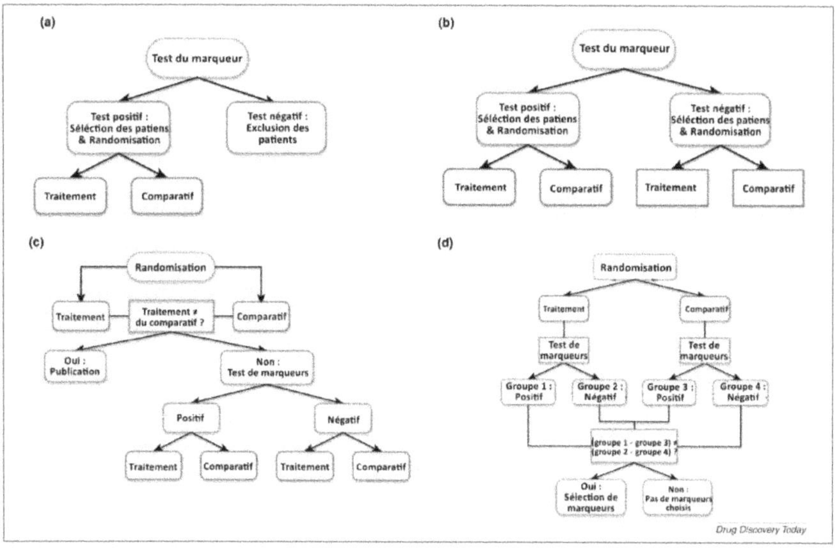

Figure 29. Exemples de conceptions d'études pharmacogénomiques. (a) Modèle « ciblé » ou « enrichi » ; (b) Modèle « stratifié »; (c) Modèle « adaptatif » ; (d) Modèle « rétrospectif ».[67]

4.3.1.2 Etudes exploratoires

Ces études ont pour objectif d'identifier des marqueurs génétiques et d'émettre des hypothèses pouvant être confirmées au cours d'études suivantes. La recherche d'information génétique au sein de ces études peut aller de quelques gènes à l'étude complète du génome.

Ces études pharmacogénomique utilisent une approche « rétrospective » (Figure 29d). Ainsi après une étude randomisée, des échantillons de sang des patients des différents groupes sont collectés en vue d'une analyse ADN. Les sujets sont ainsi rétrospectivement classifiés en utilisant leur génotype pour chaque marqueur étudié. Dans cette approche l'étude pharmacogénomique n'interfère pas avec le déroulement de l'étude comparative du traitement et permet ainsi l'étude de nombreux marqueurs. Néanmoins, le faible nombre d'échantillons étudiés, et la nécessité de contrôler les erreurs statistiques limite les recherches pour les variations génétiques. De plus l'absence de randomisation au sein des groupes génotypés pose des problèmes d'équilibre statistique au sein de ces derniers. C'est pourquoi les marqueurs sélectionnés au cours de ces études nécessitent généralement une 2ème étude de confirmation.

L'approche exploratoire est la plus fréquemment utilisée lors des études cliniques et va continuer à jouer un rôle important dans la découverte de nouveaux marqueurs. Cependant la quantité d'informations au sein de ces études est limitée et rend difficile la détection d'effets génétiques modérés pouvant avoir un impact clinique. Pour accroitre la probabilité de succès des études pharmacogénomiques il semble nécessaire de considérer d'avantage les méthodes de confirmation et d'améliorer les études exploratoires à travers de nouvelles méthodes d'analyse (Exemple : nouveaux modèles statistiques).[67]

4.3.2 Impact d'un génotypage systématique

Un profilage génétique au sein des essais cliniques pourrait apporter de nouvelles informations utiles pour une meilleure conception et interprétation des études. Parmi ses avantages on peut notamment citer :
Une contribution à la définition de maladies complexes à travers des études observationnelles aboutissant à la découverte de nouveaux marqueurs. Ces derniers pouvant alors servir, d'une par d'outils de diagnostique et de sous-classification des pathologies, d'autre part d'éléments caractéristiques pouvant aboutir au développement de nouveaux traitements. De plus, un génotypage permettrait de fournir une corrélation entre la réponse aux traitements et ses effets secondaires en fonction du profil génétique de l'individu pouvant aboutir ainsi à une médecine plus personnelle, d'avantage préventive, et plus sûre.

Pour faire évoluer ainsi notre approche de la médecine, les compagnies pharmaceutiques pourraient corréler, à travers la stratification des patients, les informations obtenues en phase I et II pour déterminer la taille de l'étude de phase III. Ce nombre étant alors inférieur à celui de la phase II compte tenu qu'à cette étape, les patients peuvent être identifiés comme répondants ou non au traitement.

Les tests pharmacogénomiques pourraient ainsi permettre la découverte de nouveaux marchés pour des produits déjà sur le marché et accélérer le développement de nouvelles thérapies. Certains envisagent même une redéfinition des étapes des essais cliniques classiques selon le modèle suivant [7][68] :

- Phase I : Génotypage et études pharmacocinétiques (ADME). Sélection des sujets pour la phase II
- Phase II : Etude principale
- Phase III : Remplacée par une extension de la phase II. Analyse des résultats pour identifier les sujets répondants au traitement, les non-répondants et ceux ayant des effets secondaires.
- Phase IV : Surveillance d'évènements rares et développement de tests diagnostiques liés au traitement.

Néanmoins, il existe quelques limitations aux essais cliniques basés sur la pharmacogénomique. En effet, la stratification des patients abouti à des groupes plus petits qui peuvent générer des erreurs statistiques des une mauvaise interprétation des résultats. Sans compter qu'il faut faire d'autant plus attention à ne pas extrapoler à la population entière, les bons résultats obtenus dans un sous-groupe.

De plus, de telles études restent coûteuses et ne peuvent être, de ce fait, initiées qu'en présence d'informations solides sur la relation entre le génotype recherché et le phénotype observé. Il est ainsi nécessaire de poursuivre nos recherches exploratoires dans ce domaine. Une des pistes possibles pour produire ainsi une quantité importante d'informations pharmacogénomiques serait d'effectuer un génotypage rétrospectif de patients déjà traités et par chance de découvrir un marqueur génétique expliquant les différences de réponse au traitement. Avec l'arrivée dans un futur très proche de solutions de séquençage complet pour moins de 1000$, cette application rétrospective à grande échelle permettra peut être de développer les possibilités offertes par la pharmacogénomique.

4.4 Aspects règlementaires et éthiques

Bien que le génotypage complet d'un individu devient chaque jour un peu plus accessible[48], cette utilisation massive d'informations génétiques soulève néanmoins des questions éthiques et réglementaires [69]. La protection des droits des individus qui se soumettent à un génotypage est essentielle pour que le séquençage ADN puisse faire partie intégrante de la médecine. Dans cette partie nous allons mener une réflexion sur les points majeurs suscités par le séquençage genomique.

4.4.1 Propriété de l'information génétique

Parmi les problèmes soulevés, celui de la propriété de l'information génétique est souvent mis en avant. Les données que renferment l'ADN donnent accès à un identifiant unique d'un individu comprenant ses risques potentiels de maladie. Ces informations sont trop personnelles et trop sujettes à une mauvaise interprétation qu'il est nécessaire de les protéger de leur exploitation sans consentement de la personne. Pour cela, de nombreux états ont légiféré en vue de protéger des tests génétiques sans aval de la personne.

De plus, de nouvelles lois visant à protéger le mauvais usage de l'information issue de ces tests ont vu le jour. Par exemple le « Genetic Information Nondiscrimination Act » (GINA) une loi américaine de 2008 interdit aux agences d'assurances maladies et aux employeurs l'usage impropre d'informations génétiques de particuliers. Elle interdit aux assureurs de refuser une couverture maladie à un individu en bonne santé ou de lui imposer des premiums plus élevés sur la seule base d'information génétique. Elle interdit aux employeurs de se baser sur une information génétique pour embaucher, renvoyer, muter ou promouvoir un employé.

Mais quand est-il du stockage de ces informations ? N'y a t il pas un risque de « vol d'identité » ? Il semble nécessaire de s'assurer d'un stockage sécurisé des données à travers des technologies informatiques de cryptage.

4.4.2 Considérations sociales d'un séquençage complet

Le génotypage complet du génome vers lequel nous nous dirigeons semble posséder certains atouts. En effet, le fait de pouvoir connaître nos informations pharmacogénomiques peut sembler attrayant. Et c'est sans compter la facilitation des tests lors de la déclaration d'une maladie. Mais cela suscite néanmoins la question de l'impact de telles informations sur le patient et sur son entourage. Imaginons que lors d'un test génétique on révèle une pathologie grave au patient, voir même uniquement une probabilité forte de déclencher un jour cette pathologie.

Quel impact psychologique et social cela pourrait il avoir sur le patient ? Se savoir « programmé » pour telle ou telle maladie risque de changer les habitudes de la personne. Nombreux sont ceux qui ne veulent pas connaître ces informations. Sans oublier leur famille, qui pourrait par extrapolation s'imaginer porteurs de cette maladie alors qu'ils n'ont pas forcément envie de connaître leurs risques potentiels. [70][71] Ces considérations sont de plus en plus fortes avec notamment l'arrivée de tests accessibles au public sans raison médicale particulière.

4.4.3 Discrimination génétique

Bien que les données génétiques soient de plus en plus protégées par des lois interdisant leur usage à des fin discriminatoires (Genetic Information Nondiscrimination Act) il semble nécessaire de se pencher sur d'autres aspects, notamment durant les essais cliniques. Comme vu précédemment, les modèles d'étude ont parfois tendance à exclure certaines populations sur la seule base de leur information génétique ce qui peut être interprété comme une forme de discrimination. De la même manière, l'industrie pharmaceutique est elle prête à sortir des médicaments pour des marchés très ciblés régis par la pharmacogénomique ? N'y a t'il pas un risque de voir certaines minorités écartées ?
Bien entendu une diminution des effets secondaires et l'assurance de l'efficacité du médicament pour cette population rendent le rapport coûts/efficacité intéressant mais il semble nécessaire que les compagnies changent leur vision des choses passant de la commercialisation de

« blockbusters » à celle de « minibusters »[68]. D'autre part, la grande majorité des études en cours à lieu dans nos pays occidentaux (Etats-Unis et Europe)[65] écartant de ce fait les informations concernant les populations d'autres pays (Afrique/Asie entre autres). La mondialisation des essais cliniques semble nécessaire pour révéler le vrai potentiel de la pharmacogénomique.[7]

4.4.4 Les autorités de santé et les tests génétiques

D'un point de vue européen les médicaments et les outils diagnostiques sont soumis à des règlementations différentes. De ce fait, les tests génétiques n'ont pas les mêmes contraintes de validation qu'un traitement avant leur mise sur le marché. Et bien qu'une directive européenne concernant les IVD (in vitro diagnostics) soit en vigueur, il existe des différences entre les états membres. Le même problème touche l'établissement de bandes de données biologiques, néanmoins l'Union Européenne cherche à travers diverses initiatives à harmoniser ces règlementations.

Un autre sujet intéressant concernant directement l'application de la pharmacogénomique est la mention d'un test commercial sur l'étiquetage du produit. En effet, si une telle mention est présente elle pourrait aboutir à des conséquences financières pour les compagnies impliquées. En revanche, si il n'est pas fait mention d'un test spécifique, l'utilisation d'une alternative doit assurer d'obtenir un résultat similaire. Dans le cas contraire cela pourrait engendrer des risques de mauvaise classification des patients et par extension une thérapie inefficace.

Les autorités de santé semblent chercher une harmonisation globale (EMA/FDA) concernant l'ensemble des sujets traitant de la pharmacogénomique et des tests génétiques associés. Mais l'état actuel des choses ne permet pas d'envisager leur entrée en clinique massive. [72][73]

5 Conclusion

Beaucoup de chemin a déjà été parcouru depuis le séquençage du premier génome humain en 2003. Mais il reste encore beaucoup à faire tant sur le plan de la recherche fondamentale que clinique avant de voir les vrais débuts d'une médecine personnalisée à grande échelle. Cependant, avec l'arrivée très prochaine de solutions de séquençage à moins de 1000$ le domaine de la pharmacogénomique risque de se développer de plus en plus. Et leur intégration grandissante au sein des essais cliniques montre bien l'intérêt que porte le monde médical à ce domaine émergeant.

Mais bien que l' « ADN ne ment pas », il ne faut pas occulter d'autres facteurs pouvant expliquer notre individualité vis à vis des traitements. Sans compter les influences extérieures, comme le mode de vie ou les traitements concomitants, de nombreux autres aspects de la génomique sont à prendre en compte pour véritablement proposer un jour une médecine personnalisée. Par exemple, la quasi totalité des technologies de séquençage ne nous informent que sur l'ordre nucléotidique. Or, il existe des différences interindividuelles qui sont dues à des modifications de l'ADN sans changements dans sa séquence, ce domaine est appelé « épigénétique ». Ces variations, qui peuvent être de différents types, telles que la méthylation de l'ADN ou des modifications des histones, sont documentés depuis plus de 40ans et peuvent altérer l'expression des gènes. [74][75]

D'autre part, une grande partie des traitements se prend par voie orale et nous hébergeons dans notre tube digestif une flore variée. De récentes publications[76] font ainsi état de variations de métabolisation des médicaments dues aux bactéries présentes dans notre corps. La caractérisation de cette flore à travers une étude génomique (dite « métagénomique ») est peut être une autre piste expliquant les différences de réponse aux traitements.

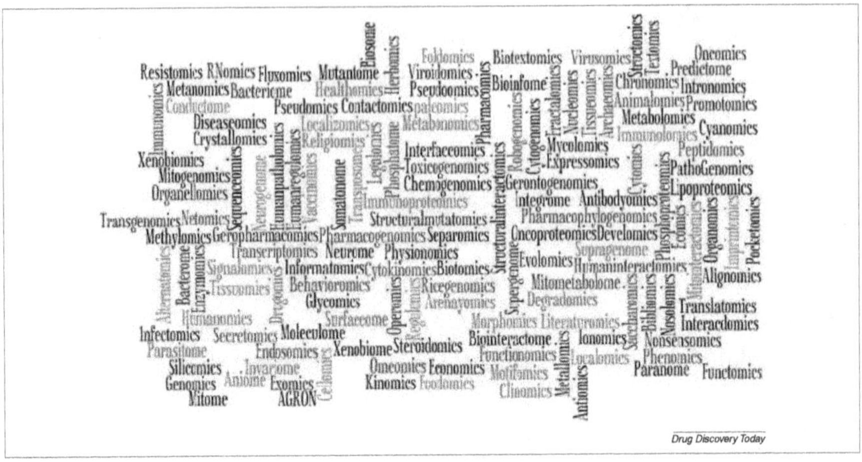

Figure 30. Nuage de mots des nombreux termes en "-omique".

Pour conclure, il existe une multitude de domaines liés à la génomique (Figure 30) qui auront également un rôle à jouer pour une amélioration de la médecine humaine. L'avenir de la génomique semble donc prometteur mais va nécessiter un effort multidisciplinaire, que ce soit dans le secteur de la recherche, médical, commercial, et règlementaire. Et bien entendu, de tous les « -omique » celui qui aura une place de choix sera le domaine « économique ».

6 Bibliographie

[1] Limdi NA, Veenstra DL. *Expectations, validity, and reality in pharmacogenetics.* Journal of clinical epidemiology 2010; 63(9): p960–969.

[2] Pirmohamed M. *Pharmacogenetics: past, present and future.* Drug discovery today 2011; 16(19-20): p852–861.

[3] Fernald GH, Capriotti E, Daneshjou R, Karczewski KJ, Altman RB. *Bioinformatics challenges for personalized medicine.* Bioinformatics (Oxford, England) 2011; 27(13): p1741–1748.

[4] Nebert DW, Zhang G, Vesell ES. *From human genetics and genomics to pharmacogenetics and pharmacogenomics: past lessons, future directions.* Drug metabolism reviews 2008; 40(2): p187–224.

[5] Motulsky AG. *Drug reactions enzymes, and biochemical genetics.* Journal of the American Medical Association 1957; 165(7): p835–837.

[6] Vogel F. *Moderne probleme der humangenetik.* 1959

[7] Jain KK. *Textbook of Personalized Medicine.* 2010 p1–430.

[8] Marshall A. *Laying the foundations for personalized medicines.* Nature biotechnology 1997; 15(10): p954–957.

[9] Pirmohamed M. *Pharmacogenetics and pharmacogenomics.* British journal of clinical pharmacology 2001; 52(4): p345–347.

[10] International Human Genome Sequencing Consortium. *Finishing the euchromatic sequence of the human genome.* Nature News 2004; 431(7011): p931–945.

[11] Lander ES, Linton LM, Birren B, Nusbaum C, Zody MC, Baldwin J, et al. *Initial sequencing and analysis of the human genome.* Nature 2001; 409(6822): p860–921.

[12] Clamp M, Fry B, Kamal M, Xie X, Cuff J, Lin MF, et al. *Distinguishing protein-coding and noncoding genes in the human genome.* Proceedings of the National Academy of Sciences of the United States of America 2007; 104(49): p19428–19433.

[13] Black DL. *Mechanisms of alternative pre-messenger RNA splicing.* Annual review of biochemistry 2003; 72: p291–336.

[14] Baira E, Greshock J, Coukos G, Zhang L. *Ultraconserved elements: genomics, function and disease.* RNA biology 2008; 5(3): p132–134.

[15] Bejerano G, Pheasant M, Makunin I, Stephen S, Kent WJ, Mattick JS, et al. *Ultraconserved elements in the human genome.* Science (New York, N.Y.) 2004; 304(5675): p1321–1325.

[16] Pennacchio LA, Ahituv N, Moses AM, Prabhakar S, Nobrega MA, Shoukry M, et al. *In vivo enhancer analysis of human conserved non-coding sequences.* Nature News 2006; 444(7118): p499–502.

[17] Ponting CP, Belgard TG. *Transcribed dark matter: meaning or myth?* Human molecular genetics 2010; 19(R2): pR162–8.

[18] Esteller M. *Non-coding RNAs in human disease.* Nature reviews. Genetics 2011; 12(12): p861–874.

[19] Guttman M, Amit I, Garber M, French C, Lin MF, Feldser D, et al. *Chromatin signature reveals over a thousand highly conserved large non-coding RNAs in mammals.* Nature News 2009; 458(7235): p223–227.

[20] Barreiro LB, Laval G, Quach H, Patin E, Quintana-Murci L. *Natural selection has driven population differentiation in modern humans.* Nature genetics 2008; 40(3): p340–345.

[21] International HapMap Project. *Qu'est-ce que le projet HapMap ?* snp.cshl.org consulté le 3Apr.2012.

[22] International HapMap Consortium. *A haplotype map of the human genome.* Nature News 2005; 437(7063): p1299–1320.

[23] Mills RE, Pittard WS, Mullaney JM, Farooq U, Creasy TH, Mahurkar AA, et al. *Natural genetic variation caused by small insertions and deletions in the human genome.* Genome research 2011; 21(6): p830–839.

[24] Mullaney JM, Mills RE, Pittard WS, Devine SE. *Small insertions and deletions (INDELs) in human genomes.* Human molecular genetics 2010; 19(R2): pR131–6.

[25] Lemos RR, Souza MBR, Oliveira JRM. *Exploring the Implications of INDELs in Neuropsychiatric Genetics: Challenges and Perspectives.* Journal of molecular neuroscience : MN 2012;

[26] Chen W, Hayward C, Wright AF, Hicks AA, Vitart V, Knott S, et al. *Copy number variation across European populations.* PloS one 2011; 6(8): pe23087.

[27] Lander ES. *Initial impact of the sequencing of the human genome.* Nature News 2011; 470(7333): p187–197.

[28] Girirajan S, Campbell CD, Eichler EE. *Human copy number variation and complex genetic disease.* Annual review of genetics 2011; 45: p203–226.

[29] Onishi-Seebacher M, Korbel JO. *Challenges in studying genomic structural variant formation mechanisms: the short-read dilemma and beyond.* BioEssays : news and reviews in molecular, cellular and developmental biology 2011; 33(11): p840–850.

[30] Human Variome Project. *HVP- Vision.* humanvariomeproject.org consulté le 21Jun.2012.

[31] 1000 Genomes Project Consortium. *A map of human genome variation from population-scale sequencing.* Nature News 2010; 467(7319): p1061–1073.

[32] Kim S, Misra A. *SNP genotyping: technologies and biomedical applications.* Annual review of biomedical engineering 2007; 9: p289–320.

[33] Xue X, Xu W, Wang F, Liu X. *Multiplex single-nucleotide polymorphism typing by nanoparticle-coupled DNA-templated reactions.* Journal of the American Chemical Society 2009; 131(33): p11668–11669.

[34] Elenis DS, Ioannou PC, Christopoulos TK. *A nanoparticle-based sensor for visual detection of multiple mutations.* Nanotechnology 2011; 22(15): p155501.

[35] Yang B, Zhou G, Huang LL. *PCR-free MDR1 polymorphism identification by gold*

nanoparticle probes. Analytical and bioanalytical chemistry 2010; 397(5): p1937–1945.

[36] Sanger F, Nicklen S, Coulson AR. *DNA sequencing with chain-terminating inhibitors.* Proceedings of the National Academy of Sciences of the United States of America 1977; 74(12): p5463–5467.

[37] Maxam AM, Gilbert W. *A new method for sequencing DNA.* 1977 p99–103.

[38] Schuster SC. *Next-generation sequencing transforms today's biology.* Nature 2008; 200(8):

[39] Winnick E. *DNA Sequencing Industry Sets its Sights on the Future - The Scientist - Magazine of the Life Sciences.* SCIENTIST-PHILADELPHIA- 2004;

[40] Pettersson E, Lundeberg J, Ahmadian A. *Generations of sequencing technologies.* Genomics 2009; 93(2): p105–111.

[41] Strausberg RL, Levy S, Rogers Y-H. *Emerging DNA sequencing technologies for human genomic medicine.* Drug discovery today 2008; 13(13-14): p569–577.

[42] Commins J, Toft C, Fares MA. *Computational biology methods and their application to the comparative genomics of endocellular symbiotic bacteria of insects.* Biological procedures online 2009; 11: p52–78.

[43] *Human genome at ten: The sequence explosion.* Nature News 2010; 464(7289): p670–671.

[44] Roche Company. *GS FLX+ System.* 454.com consulté le 31May2012.

[45] Delseny M, Han B, Hsing YI. *High throughput DNA sequencing: The new sequencing revolution.* Plant Science 2010; 179(5): p407–422.

[46] Ansorge WJ. *Next-generation DNA sequencing techniques.* New biotechnology 2009; 25(4): p195–203.

[47] Peckham HE, McLaughlin SF, Ni JN, Rhodes MD, Malek JA, McKernan KJ, et al. *SOLiD™ Sequencing and 2-Base Encoding.* The Biology of Genomes Meeting 2008;

[48] KA W. *DNA Sequencing Costs: Data from the NHGRI Large-Scale Genome Sequencing Program.* genome.gov consulté le 8Jun.2012.

[49] Pareek CS, Smoczynski R, Tretyn A. *Sequencing technologies and genome sequencing.* Journal of applied genetics 2011; 52(4): p413–435.

[50] Metzker ML. *Sequencing technologies - the next generation.* Nature reviews. Genetics 2010; 11(1): p31–46.

[51] *Pacific Biosciences: Corporate Info.* pacificbiosciencescom consulté le 12Jun.2012

[52] Oxford Nanopore Technologies. *History.* nanoporetech.com consulté le 14Jun.2012.

[53] Oxford Nanopore Technologies. *Introduction to nanopore sensing.* nanoporetech.com consulté le 14Jun.2012.

[54] Rothberg JM, Hinz W, Rearick TM, Schultz J, Mileski W, Davey M, et al. *An integrated semiconductor device enabling non-optical genome sequencing.* Nature News 2011; 475(7356): p348–352.

[55] Life Technologies. *Life Technologies Introduces the Benchtop Ion Proton™ Sequencer; Designed to Decode a Human Genome in One Day for $1,000.* lifetechnologies.com consulté le 14Jun.2012.

[56] Li H, Handsaker B, Wysoker A, Fennell T, Ruan J, Homer N, et al. *The Sequence Alignment/Map (SAM) Format and SAMtools.* bioinformatics.oxfordjournals.org consulté le 19Jun.2012.

[57] Carver T, Böhme U, Otto TD, Parkhill J, Berriman M. *BamView: viewing mapped read alignment data in the context of the reference sequence.* Bioinformatics (Oxford, England) 2010; 26(5): p676–677.

[58] Niemenmaa M, Kallio A, Schumacher A, Klemela P, Korpelainen E, Heljanko K. *Hadoop-BAM: directly manipulating next generation sequencing data in the cloud.* Bioinformatics (Oxford, England) 2012; 28(6): p876–877.

[59] NGUYEN J. *Essais cliniques - Classification et Principes.* ticem.sante.univ-nantes.fr consulté le 21Jun.2012.

[60] Graf N, Desmedt C, Buffa F, Kafetzopoulos D, Forgó N, Kollek R, et al. *Post-genomic clinical trials: the perspective of ACGT.* Ecancermedicalscience 2008; 2: p66.

[61] Hamburg MA, Collins FS. *The path to personalized medicine.* New England Journal of Medicine 2010; 363(4): p301–304.

[62] Simon R. *Clinical trials for predictive medicine: new challenges and paradigms.* Clinical trials (London, England) 2010; 7(5): p516–524.

[63] Nunnelee JD. *Review of an Article: The international Warfarin Pharmacogenetics Consortium (2009). Estimation of the warfarin dose with clinical and pharmacogenetic data. NEJM 360 (8): 753-64.* Journal of vascular nursing : official publication of the Society for Peripheral Vascular Nursing 2009; 27(4): p109.

[64] Mardis ER, Ding L, Dooling DJ, Larson DE, McLellan MD, Chen K, et al. *Recurring mutations found by sequencing an acute myeloid leukemia genome.* The New England journal of medicine 2009; 361(11): p1058–1066.

[65] Mestan KK, Ilkhanoff L, Mouli S, Lin S. *Genomic sequencing in clinical trials.* Journal of translational medicine 2011; 9: p222.

[66] *Home - ClinicalTrials.gov.* clinicaltrials.gov consulté le 28Jun.2012.

[67] Flynn AA. *Pharmacogenetics: practices and opportunities for study design and data analysis.* Drug discovery today 2011; 16(19-20): p862–866.

[68] Foot E, Kleyn D, Palmer Foster E. *Pharmacogenetics--pivotal to the future of the biopharmaceutical industry.* Drug discovery today 2010; 15(9-10): p325–327.

[69] Robertson JA. *The $1000 genome: ethical and legal issues in whole genome sequencing of individuals.* The American journal of bioethics : AJOB 2003; 3(3): pW–IF1.

[70] PBS NOVA. *Cracking your genetic code.* pbs.org consulté le 28Jun.2012.

[71] Maher B. *Human genetics: Genomes on prescription.* Nature News 2011; 478(7367): p22–24.

[72] Prasad K, Breckenridge A. *Pharmacogenomics: a new clinical or regulatory paradigm? European experiences of pharmacogenomics in drug regulation and regulatory initiatives.* Drug discovery today 2011; 16(19-20): p867–872.

[73] Hudson J, Orviska M. *European attitudes to gene therapy and pharmacogenetics.* Drug discovery today 2011; 16(19-20): p843–847.

[74] Roukos DH. *Next-generation sequencing and epigenome technologies: potential medical applications.* Expert review of medical devices 2010; 7(6): p723–726.

[75] Hamm CA, Costa FF. *The impact of epigenomics on future drug design and new therapies.* Drug discovery today 2011; 16(13-14): p626–635.

[76] Haiser HJ, Turnbaugh PJ. *Is it time for a metagenomic basis of therapeutics?* Science (New York, N.Y.) 2012; 336(6086): p1253–1255.

www.ingramcontent.com/pod-product-compliance
Lightning Source LLC
Chambersburg PA
CBHW021120210326
41598CB00017B/1515
9783838175959